世界第一簡單
基礎生理學

田中越郎◎監修

國立台灣大學醫學院　生理學研究所副教授　余佳慧◎審訂

卡大◎翻譯

監修者的話

　　我想，會拿這本書來看的應該是醫學相關科系的學生吧！人體看似非常複雜，其實以科學的角度仔細觀察，會發現人體很單純，是個完全按照原理運行的組織。因此，只要恰當地理解原理，就能輕鬆愉快地學習人體的運作機制。我期待各位能了解人體。

　　要了解人體的運作機制，有許多方法，其中最具代表性的是學習生理學。可惜生理學的門檻有點高，若以自學或填鴨學習的方式，是無法達到學習生理學的樂趣。

　　因此本書嘗試將生理學的樂趣和人體的奧秘，淺顯、愉快地傳達給各位醫學初學者。很可能讀者在學校的課程中已有指定或推薦的教科書，若能以本書作為學習生理學的開端，就能掌握那些指定教課書的內容。

　　本書以一位女學生為主角，用一個故事主線貫穿全書，以漫畫的呈現方式，讓各位能愉快地理解生理學。若你尚未學過生理學，學過生理學卻完全不理解，甚至是已經討厭生理學，請先將漫畫部分大致看過一遍，這樣瀏覽能對生理學有初步的了解。本書的主角一開始討厭生理學，從飲食或馬拉松等自己身體的反應，產生與基礎生理學的連結，發現趣味，而理解生理學。希望各位也能像主角一樣，去體驗生理學的樂趣及人體的奧妙，以進入生理學的殿堂。

　　若本書能成為您學習生理學的墊腳石，對監修者來說是莫大的喜悅。

田中越郎

審訂者的話

　　本書以淺顯易懂的漫畫方式，透過書中主角對日常生活的體驗，娓娓道出人體生命的道理。不論是成人、小孩，亦或所學與醫學生命科學有無相關，都可以輕易從本書獲得實用的人體生理學知識。生理即生命的道理，日常生活中做的、想的、感受的每一件事，都是透過人體各器官的功能運作達成的。書中將日常生活體驗和人體生理功能連結，利用活潑的思考方式，將艱深的醫學名詞轉化成容易理解的概念，是一本難得而有趣的入門書。

國立台灣大學醫學院生理學研究所副教授　余佳慧

序章

生理學是躲避不了的學科？

第1章

循環系統

規律運轉的幫浦

第2章

呼吸器官

在肺部，空氣與血液的親密關係？

第3章 消化系統・代謝 51

分解成小分子才能進行消化與代謝

第4章 腎臟・泌尿系統 77

二十四小時排出老舊廢物的工作者

第5章 體液・血液 95

人體細胞之海

第6章　腦・神經系統　115
神經傳遞的速度每秒 120 公尺

第7章　感覺器官　137
人體的各種感覺

第8章　運動器官　159
肌肉收縮的能量來自ATP

第9章

細胞與基因、生殖

175

基因是帶著蛋白質訊息的畫捲

第10章

內分泌系統

191

藉由血液循環運送到全身

終幕

211

今夏的回憶

◎本內容為虛構故事，主角、學校等均為創作。

生理學是躲避不了的學科？

這裡是某地近郊的「恆常醫學大學」，

校風毫無特殊之處。

因廣大校區和各科系複雜的分布位置，每年都讓許多新生迷路而聞名。

恆常醫學大學

3

唉～

爲什麼事情會變這樣啊……

我高中就不擅長記憶，這麼下去還是背不起來啊～

嗯……

來查看看除了護士以外的醫療相關職業吧！

營養師國家考試　科目
社會‧環境與健康、
人體構造與機能、
疾病的形成、食物與健康、
基礎營養學、應用營養學、營養教育論、
公共營養學、供餐經營管理論

喀噠

物理治療師國家考試

「生理學」

護理師國家考試

「生理學」

喀噠

社會工作師國家考試

「人體構造與機能」

喀噠

喀噠

喀噠

全部都要念生理學啊～

墜入深淵

生理學是最基本的呀～

6

第 1 章 循環系統

規律運轉的幫浦

實在不好意思，我正在準備補考。

因為一心只想著考試，不小心就走到這裡……

真是了不起的專注力啊～

妳的名字是？

真是抱歉！

我是護理系一年級的唐田組子！

唐田啊。

妳好～
我叫解生。

恆常醫學大學
運動健康學系
教授 解生 理

新成立！
運動健康學系
暑期開放式
公開授課

您正在準備暑期開放式課程嗎？

我們是下學年新設的科系。

8

不過啊，

妳得補考是因為討厭生理學嗎？

我最討……

不是！
是不擅長！

其實還滿多人討厭它的。

這樣啊——

我很喜歡活動身體，

可是要深入研究機制，就有些……

哈哈

喔～

那妳有在做什麼運動嗎？

有，

國中和高中時我都在田徑社跑長跑。

我們請唐田來幫忙暑期開放式課程吧！

好嗎？

對了～

運動健康學系
助教
山田 透子

運動健康學系
助教
鈴木 壓郎

9

10

好像一直被監視的感覺

好難敢事

緊盯

偷瞄

那就開始吧！

隔天上午

所謂的幫忙……

啊，好的。

只要上老師的課就行了嗎？

沒錯，是公開授課的練習。

唐田的生理學成績不好，我想剛好適合！

生氣

上課內容是基礎生理學，

也可以當成補考的準備。

那還真是多謝了，基礎生理學我可是很會的！

喔。

那請妳說明一下基本的循環器官。

深呼吸

血液負責運送氧氣或營養，

一旦運送停止，人就會死掉。

爲了維持生命，血液得一直流動。

我剛剛才讀過循環器官呢～

不過，

血管有分巡迴肺部和巡迴全身的二種迴路。

那叫肺循環和體循環吧！

噢～答對了。

將血液送往那二種迴路的幫浦——心臟，分爲左心系統和右心系統。

左心系統有左心房和左心室；右心系統有右心房和右心室。總共有四個小隔間吧！

嗯

這種程度當然知道。

13

14

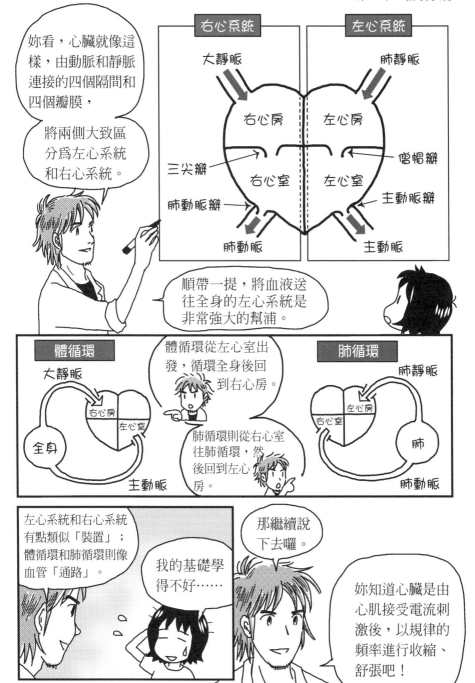

傳達收縮、舒張頻率的，就是心臟傳導系統，對吧？

那麼，

我以足球隊伍來比喻心臟傳導系統的 kick-off！

沒錯！

咦？
為什麼是足球？

指揮電流刺激，引起心臟跳動的人，就是教練。

教練
竇房結

接著刺激傳給隊長，

再傳給各位選手。

教練
竇房結
房室結
隊長
心肌
選手

隊長和隊上每位選手密切合作，

每個人之間有著緊密的連結。

竇房結發出律動的指示，心臟就會收縮。

喔……

這樣解說，就算是第一次聽也能懂耶……

2. 心臟的動作與波形

真的嗎？

那麼，

接著說明心電圖和心臟的動作吧！

心電圖是以電流的興奮變化，將心肌的電位興奮變化記錄下來。

對不對？

答對了。

大家應該都看過這個圖形吧！

想一下波形和心臟興奮的關係吧！

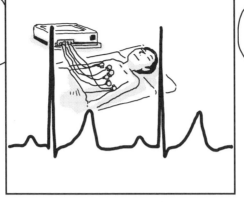

心電圖我記得很熟哦～

首先，竇房結將興奮傳到心房，讓左右心房收縮。

這就是 P 波。

沒錯，所以這個步驟的心臟動作，就是心房收縮，讓心房內的血液送到心室。

來自房室結的指示（希氏束、左束支、右束支和普金氏纖維）傳導到心肌，讓左右心室產生興奮。

這就是 QRS 波。

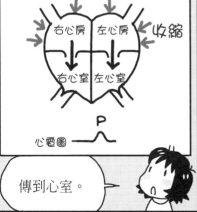

傳到心室。

心室收縮讓血液分別送往主動脈和肺動脈。

對。

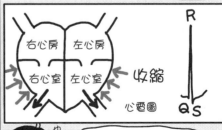

生理學好像變得比較容易懂了呢……

喂，組子！

妳聽說了沒？

妳被選為馬拉松大賽的選手。

不過這是一定的，

因為有長跑經驗的就只有組子妳嘛！

呼呼

. . . .

什麼——！

我還有生理學的補考耶！

21

循環器官是指人體血液或淋巴液流動的器官。透過心臟、血管、淋巴管等,將氧氣、營養、激素等運送到體內各組織,同時收集老舊廢物。
我們進一步來了解循環系統的構造與作用吧。

3. 心電圖的構成

組成心臟壁的肌肉,會因電流刺激而收縮,這個收縮動作由心臟傳導系統引起。

產自竇房結的刺激會如波浪般擴散到整個心房,引起心房收縮;刺激到達右心房和右心室之間的房室結後,會傳遞給希氏束;希氏束分為兩支,稱為左束支、右束支,左束支往左心室,右束支往右心室,再分為許多細小的分支;這些

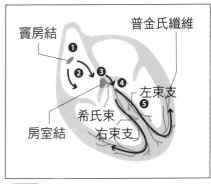

圖 1-1 心臟傳導系統的流程

細小分支稱作普金氏纖維。心臟傳導系統是由特殊分化的心肌細胞所構成的。

竇房結會自動產生刺激!

是的,就算沒有大腦或腦幹的命令,竇房結會自動產生每分鐘 60~80 次刺激,這就是正常心搏。

雖然其他特殊分化的心肌細胞(例如:房室結等)也會產生刺激,但竇房結產生刺激的次數最多,因此最為優先。雖然竇房結功能不全,房室

心電圖的十二個極導

四肢極導	胸部極導
右手、左手、左腳的三處電極	包圍心臟的六處電極
以垂直方向觀察心臟	以水平方向觀察心臟

I、II、III、aV$_R$、aV$_L$、aV$_F$ 稱為四肢極導，而 V$_1$～V$_6$ 則稱為胸部極導。

結可取代為起搏點，但由於產生刺激的搏動較遲，心搏數會變少。

　　將這個心臟傳導系統傳至心肌整體的電流興奮，加以視覺化，即成心電圖。測心電圖通常會在胸部（貼六個）、雙手和雙腳*接上電極，測量十二個極導。

　*　左束支連接的是取得心電圖的電極，右束支則連接地線。

 為何要用十二個極導啊？

 妳可以把極導想成，電極連接處的相機視點。只有一個視點很難看出全貌，但從十二個視點來觀察就能減少誤差。

　　當心肌或心臟傳導系統異常，心電圖的波形會產生變化。若心臟收縮正常而規律，會出現連續的穩定波形；若心臟出現異常的收縮，就會出現不規則的波形，稱為心律不整*。

　*　除了不規律的心臟收縮，心搏數太多或太少也屬於心律不整。

 妳知道心臟收縮一次會送出多少血液到主動脈嗎？

 我想，大概有一瓶牛奶那麼多？

等等，妳再想想。心臟大約只有一個拳頭的大小喔，不可能會有 200 mL 那麼多吧！心臟一次的心搏出量大約是 70 mL，大概是一瓶養樂多（65 mL）而已。一分鐘的心搏出量可用以下公式計算：

心搏出量（mL/分）= 1 次心搏出量（mL/次）×心搏數（次/分）

▶ Check！

- 兒童的心搏數比成年人多，隨著成長越來越接近成年人的數值，高齡者則有減少的傾向。
- 人類全身的循環血液量（⇒p.28）大約是 5 L，大概每一分鐘就能循環全身一周。

4. 循環系統與神經的關係

我們被嚇到、和陌生人談話，或是運動後等情況，心搏數會增加，這是自律神經（第 6 章 p.134）的作用。承受壓力或運動時需要比平常更多的血流，交感神經會興奮，刺激竇房結，使心搏數增加。相反地，放鬆時，副交感神經則會讓心搏數減少。

可是，來自竇房結的刺激不是接收到大腦等的命令，就自動產生嗎？

這真是個好問題～

竇房結的確可以自動產生刺激，次數卻是由自律神經來調整。表 1-1 顯示自律神經對循環系統的作用。

表 1-1 自律神經對循環系統的作用

	交感神經	副交感神經
心搏數	增加	減少
心臟的收縮力	增強	減弱
血壓	上升	下降
血管	收縮	舒張

5. 冠狀動脈的血流

在講解血液循環之前，先來了解心臟如何獲取氧氣或營養。

 妳知道運送氧氣或營養給心肌的是什麼血管嗎？

 冠狀動脈嗎？

　是的，冠狀動脈因為血管分布有如包圍心臟的王冠，所以有這個稱呼。主要分為右冠狀動脈和左冠狀動脈，如圖 1-3(a)。心臟裡面隨時都有血液，卻無法直接獲取氧氣或營養，還真是個諷刺的機制。

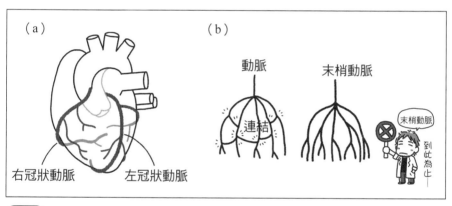

圖 1-2　冠狀動脈與末梢動脈

　幾乎所有臟器的動脈，都有分支互相連結，如果有一個地方的血管堵塞，其他的路徑還可以讓血液流過。不過包圍心臟的冠狀動脈屬於末梢動脈，動脈的分支並沒有互相連結，如圖 1-3(b)。所以，只要某個地方被堵住，血流無法通過，就可能造成心肌梗塞。

▶ **Check !**

■ 除了心臟，腦部的血管也屬於末梢動脈。

6. 全身血液循環

血液循環分為肺循環和體循環。妳能仔細說明嗎？

肺循環從右心室開始巡迴肺部一周，回到左心房，是為了獲取氧氣；體循環則從左心室開始循環全身，回到右心房，是為了運送氧氣或營養給其他部位。

說得好！p.27 的圖概略表示肺循環和體循環的流向。這將有助於學習接下來要介紹的各器官，所以要確實掌握整體。

動脈是從心臟出來的血管，而靜脈則是經由微血管回到心臟的血管。

動脈因為要承受被心臟強力壓出的血液，所以血管壁較厚、彈性高、內壓高；靜脈的血管壁則較薄，管內有瓣膜以防止逆流，內壓低，血流受周圍肌肉的輔助朝正確方向流動，流過皮膚正下方的皮下靜脈也是它的一大特色。輸血時護士常常會找手肘的靜脈，這個就是皮下靜脈。

動脈雖然大多在身體的深處，不過有些位於容易探得脈搏的地方。

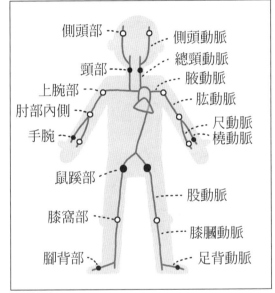

側頭部 —— 側頭動脈

頸部 —— 總頸動脈
—— 腋動脈
上腕部 —— 肱動脈
肘部內側 —— 尺動脈
手腕 —— 橈動脈

鼠蹊部 —— 股動脈

膝窩部 —— 膝膕動脈
腳背部 —— 足背動脈

圖 1-3 可測得脈搏處

那是指流經手腕等淺層部位的動脈吧！

沒錯，護士在臨床上測量的，大多是手腕的橈動脈或脖子的頸動脈喔。

血液循環簡圖

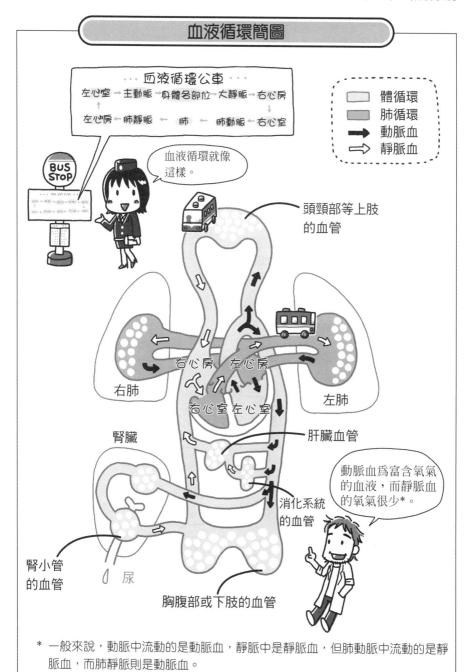

* 一般來說，動脈中流動的是動脈血，靜脈中是靜脈血，但肺動脈中流動的是靜脈血，而肺靜脈則是動脈血。

7. 血壓

血壓是指血管中的壓力（內壓），一般我們所說的「血壓」則是指上臂等靠近心臟的主動脈的壓力。

決定血壓的因素有哪些呢？

因素？呃……年齡之類的嗎？

嗯～確實。中高齡的人，血壓有飆高的傾向，可是在此要以生理學的角度來思考。

決定血壓的三要素為循環血液量、心臟收縮力（心收縮力）和血管粗細。舉例來說，若循環血液量*和心臟收縮力固定，血管變細血壓就會上升。若因為大出血而使血液量減少，或者因心肌梗塞使得心臟收縮力降低，血壓就會下降。血壓是有波形的，心室收縮時血壓變高，擴張時血壓變低，最高點稱作收縮壓，最低點則稱為舒張壓。

* 動脈內的血液總量。

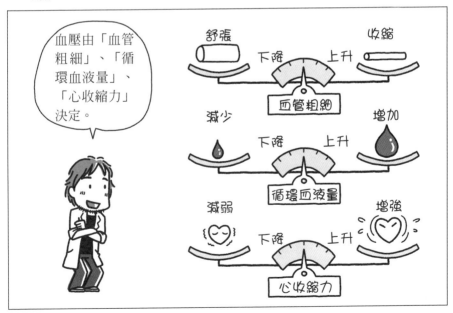

圖 1-4 決定血壓的因素

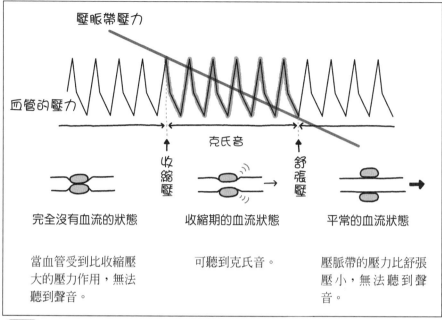

圖 1-5　利用聽診法測定血壓

　學過血壓測定的原理與技術嗎？

　在基礎護理課學過！

那我們來看看吧。將空氣打入捲在上臂的壓脈帶，上臂血流停止，接著將壓脈帶內的空氣緩慢釋放，直到可以用聽診器聽到「咚咚」的聲音*，這個階段的血壓就是收縮壓；接著將空氣完全放掉，聽不到聲音的點就是舒張壓。

* 聽診器聽到的聲音稱為克氏音，是在血流開始流動或停止時會產生的聲音。

▶ Check！

> ▓ 血壓單位以 mmHg（毫米汞柱）表示。mmHg 是指用壓力使水銀上升幾毫米的數值。

8. 淋巴系統

最後要介紹的循環系統是淋巴系統。淋巴系統的功能是將組織滲出的部分體液由微血管回收到心臟，此外，淋巴結還有免疫的機能，因此淋巴系統不僅是循環系統，也是免疫系統。

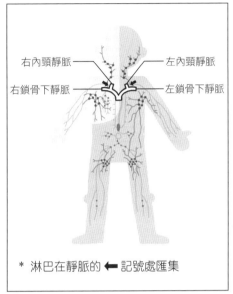

右內頸靜脈　　　左內頸靜脈
右鎖骨下靜脈　　左鎖骨下靜脈

* 淋巴在靜脈的 ← 記號處匯集

圖 1-6 全身淋巴系統

在末梢組織，微血管與組織之間進行組織液的交換，有一部分的組織液會被淋巴管回收。淋巴的流量一日大約 3 L。

微淋巴管會逐漸聚集、變粗，通過數個淋巴結，最後進入左右的靜脈角（鎖骨下靜脈和內頸靜脈的交會點）（圖 1-6）。淋巴管內側有瓣膜，可以防止逆流。

 身體兩側的淋巴管不對稱吧？

 妳竟然注意到了！

請注意圖 1-6 的網點濃淡程度。來自右上半身淋巴管匯集而成的右淋巴主幹，進入右靜脈角；而左上半身和所有下半身匯集而成的淋巴管，則進入左靜脈角。

▶ Check！

☐ 癌細胞流到淋巴結處增殖，稱為癌症的淋巴結轉移。

第2章

呼吸器官

在肺部，
空氣與血液的親密關係？

1. 呼吸的角色

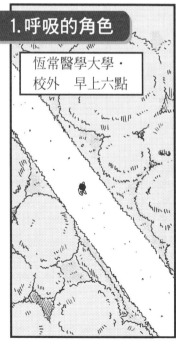

恆常醫學大學‧
校外　早上六點

呼哈

呼哈

呼哈

聽說今年馬拉
松大賽的優勝
獎品……

哇啊！

解生老師？

不、不要嚇我啦！

請問您這麼早，

在這裡做什麼啊？

這樣啊。

您既然是運動健康系的教授，請多運動呀！

就如妳看到的，我在採集昆蟲。

妳看起來好像呼吸很不順耶～

把肩膀放鬆～

將意識放到橫膈膜～

做做腹式呼吸會好些喔～

噢、好的。

人體雖然很不可思議，但昆蟲也很不可思議、很有趣喔！

這是我唯一的小興趣啦～

吸—呼—

吸—呼—

對了，
老師！

這次的馬拉松大賽我會出場喔。

有沒有什麼短時間奏效的訓練方法啊？

哇，妳眞厲害！

我們先來聊一聊呼吸器官吧。

短時間啊～

又是生理學？

昨天是心臟，今天是呼吸，眞是夠了……

這兩個系統是維持生命不可或缺的～

妳知道呼吸具有讓身體活動、保持體溫而製造能量的功能吧！

呼吸是吸入氧氣 O_2，燃燒人類從食物中攝取到的營養素，轉換爲能量，然後吐出二氧化碳 CO_2 吧。

嗯，汽車使汽油和氧氣反應，產生能量作爲動力，與人體的呼吸非常類似。

汽車

汽油
O_2

排出氣體主成分爲 CO_2

汽油與 O_2 混合燃燒，在引擎轉換爲能量。

人類

食物
吸入 O_2

在體內以 O_2 燃燒能量

吐出 CO_2

2. 呼吸的機制

吸　呼

我想……

就是那個啊！

微血管

肺泡
CO_2　O_2

昨天的課有講過，血液負責運送氧氣吧。

血液接收來自肺泡的氧氣。

那麼，血液要怎樣才能接收到吸入肺部的氧氣呢？

同時，肺泡也接收來自血液的二氧化碳。

沒錯。

而且，

在肺泡進行的氧氣和二氧化碳的交換過程，稱爲氣體交換。

怎麼變成在上課……

討厭
討厭
討厭

放輕鬆吧～

在妳緩和的這會兒，我們順便一邊走一邊聊吧。

35

那個……老師，有效練習馬拉松的事……

哎呀，差點忘了！

妳知道肺部呼吸的機制嗎？

就是肺部膨脹起來，再縮下去嘛。

用生理學的方式來說呢？

果然是上課啊。

我想想……

肺部位於橫膈膜和胸部形成的胸腔，胸腔內的壓力變化造成肺部的上膨或下縮。

真棒，妳答對了。

肺部不是以自己的力量膨脹的～

我可不是為了補考才念書的呢！

呵呵呵

……這可不是什麼自豪的事啊！

呃

嗯，橫膈膜～

用燒肉比喻，就是牛肚吧！

沒錯，肚子突然餓起來了……

流口水

嘶～

不對啦～

橫膈膜的呼吸方式，稱爲腹式呼吸法。

喔～

我記得在減肥書上看過「要有意識地做腹式呼吸」……

瘦下來！新肥法

所以沒有意識的呼吸是指……

大多數男性平常就是採腹式呼吸喔。

不過女性則多用胸式呼吸，所以書上才會這麼寫～

啥？胸部

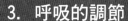

大學校園內「恆常咖啡廳」

我認為腹式呼吸對馬拉松應該有幫助～

因為腹式呼吸，空氣進入的換氣量比胸式呼吸還多，

妳認為呢？

也就是能製造更多能量，讓身體活動吧？

咀嚼咀嚼

是啊。

橫膈膜用力吸氣，然後用力吐氣。

原來如此，要用腹式呼吸啊。

嚼嚼

嚼嚼

妳還真能吃呢～

食慾好像是無法控制的呢⋯⋯

哈 哈 哈

心臟的動作也無法以自己的意識控制啊！

啊 哈 哈

因爲那是維持生命的重要機制啊。

不過，呼吸是可以自主變化的喔。

啊，眞的耶。

就像剛剛老師您說的，測量肺活量的呼吸方式就不同。

是的。調整呼吸次數或深度的呼吸中樞，位在腦幹。

腦

腦幹

腦幹好像是……維持生命的中心吧！

呼吸

心臟活動

妳說對了，那裡有呼吸的控制中心。

舉例來說，深深吸一大口氣然後憋住，這是自我意識對吧？

吸

大口喘氣

自我意識

可是一旦到達極限，

呼哈！

就會吐出空氣，馬上增加呼吸次數。

我懂了！

這個呼吸和身體無法配合的指令，來自控制中心！

沒錯。

那麼控制中心是感測到什麼，才會發出「和身體無法配合」的指令呢？

應該是氧氣不夠吧？

不，感測氧氣是次要的，主要是感測動脈血液的二氧化碳「濃度」喔。

二氧化碳

CO_2 CO_2 CO_2 CO_2 濃 呼 呼 CO_2 呼 淡 呼 吸

哇～

CO_2 CO_2 CO_2 二氧化碳濃度增加了。

二氧化碳「濃度」的測定數值，稱作二氧化碳分壓*。

* 呼吸中樞也會測定氧氣分壓，但主要是測定二氧化碳分壓，氧氣分壓只是「參考訊息」。

腦幹感測到二氧化碳分壓，而使肺部膨脹或收縮，是這樣子吧。

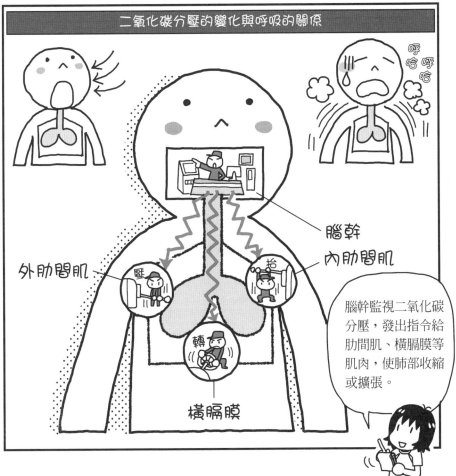

二氧化碳分壓的變化與呼吸的關係

外肋間肌

腦幹

內肋間肌

橫膈膜

腦幹監視二氧化碳分壓，發出指令給肋間肌、橫膈膜等肌肉，使肺部收縮或擴張。

follow up 補充說明

呼吸器官吸入所需的氧氣，並排出體內產生的二氧化碳，肺部是呼吸系統的核心。接下來，讓我們繼續學習肺部的相關知識以及功能吧。

4. 外呼吸與內呼吸

前面已經解釋空氣在肺部進出的「換氣」過程。接著要繼續說明呼吸所吸入的氧氣，如何運送到體內各處，又如何將產生的二氧化碳排出。

首先，吸入氧氣、排出二氧化碳這個過程，稱作氣體交換。氣體交換位於兩個部位，一個是在肺中，空氣與血液之間進行的外呼吸，另一個是在末梢組織，血液和組織間進行的內呼吸。

外呼吸是在肺部形狀如葡萄顆粒的肺泡（圖 2-1）中進行氣體交換；內呼吸則是在全身所有組織細胞之間，進行氣體交換。請參照第 1 章 p.27 的血液循環簡圖，了解肺循環和體循環，能讓你較易想像外呼吸與內呼吸。

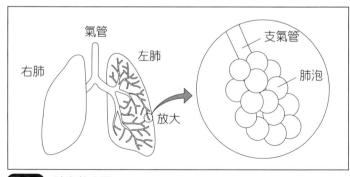

圖 2-1 肺泡放大圖

外呼吸與內呼吸

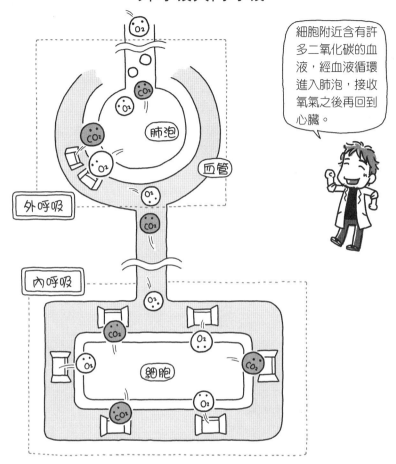

細胞附近含有許多二氧化碳的血液，經血液循環進入肺泡，接收氧氣之後再回到心臟。

在一個個的肺泡位置能進行氣體交換（外呼吸）。

沒錯。肺泡雖然小小的，但數量卻非常龐大，如果將人體的肺泡全部攤成平面，大約可以覆蓋一整座羽毛球場，這樣解說妳應該能了解氣體交換的表面積。

▶ Check！

■ 外呼吸或內呼吸的氣體交換，以擴散（第 5 章 p.103）原理進行，氣體會從濃度高的地方往濃度低的地方擴散，直到兩邊的濃度相等。

5. 血液中的氣體分壓

接著來討論氣體交換吧。氣體交換有多少氧氣或二氧化碳進入血液呢？要知道這件事，就得先了解氣體分壓。

氣體分壓是指混合氣體（空氣等）各成分的體積，與混合物總體積呈相同比例時，所具有的壓力。舉例來說，氧氣分壓為 PO_2，二氧化碳則是 PCO_2，P（pressure：壓力）表示分壓。也可將「分壓」想成一種度量單位，用來表示氧氣或二氧化碳在血液中的量。

那我們就試著從空氣的組成，思考血液中的氣體分壓吧。空氣包含21%的氧氣、0.03%的二氧化碳，以及約79%由氮氣為主要成分的混合氣體……只不過，人體完全不利用氮氣，二氧化碳的使用量幾乎為0，所以在此只需認識氧氣的分壓。

氣體分壓以 torr（托）為單位，大氣中的氧氣分壓為 160 torr，如下圖2-2。

圖 2-2 大氣中的成分與分壓（空氣為 1 大氣壓 760 torr）

人體的氧氣分壓如何呢？首先，動脈中的氧氣分壓以 PaO_2 表示，二氧化碳分壓用 $PaCO_2$ 來表示。在靜脈中，這兩個分壓則以 PvO_2、$PvCO_2$ 表示，a 指動脈，v 指靜脈。

參照圖 2-3 來觀察人體的分壓變化。各項數值變化的機制較為複雜，所以先略過……在此需要了解的是各個項目的標準值。請先記住這些標準值：PaO_2 是 100 torr，$PaCO_2$ 是 40 torr，PvO_2 是 40 torr。

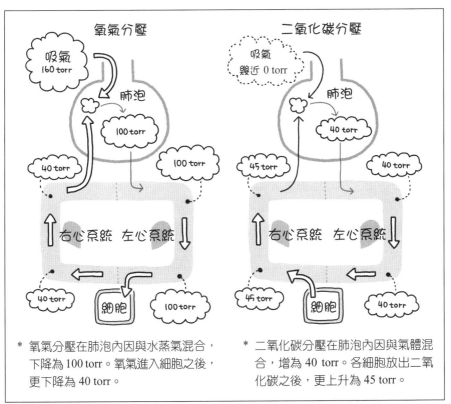

* 氧氣分壓在肺泡內因與水蒸氣混合，下降為 100 torr。氧氣進入細胞之後，更下降為 40 torr。

* 二氧化碳分壓在肺泡內因與氣體混合，增為 40 torr。各細胞放出二氧化碳之後，更上升為 45 torr。

圖 2-3　體內氧氣分壓與二氧化碳分壓的變化

▶ Check！

- 氣壓為 1 大氣壓（760 torr）時，氧氣分壓為 160 torr，氮氣分壓為 600 torr，在水中的分壓和大氣中相同。
- $PaCO_2$ 與體內的 pH 值有密切關係（p.48）。

測量液體酸鹼值的度量單位是 pH 值。血液也有 pH 值，會隨著呼吸變化。剛剛學過的氣體分壓對 pH 值而言，是個很關鍵的角色。如果 pH 值超過標準值，身體機能就會發生異常……那麼，身體如何調節呢？

　　人體的pH值大約是 7.4。pH 7 為中性，數字小於 7 為酸性，數字大於 7 則為鹼性，因此人體是弱鹼性。人體的 pH 值常常維持固定的數值，人體保持穩定狀態的機制稱為恆定性（第 4 章 p. 89）。

　　因此，身體的機能異常時，pH值有可能會超過標準值。若傾向酸性，會造成酸中毒；接近強鹼性，則造成鹼中毒。

pH 7 是中性，那如果身體的 pH 值變為 7.1，就會鹼中毒嗎？

不對，不是這樣啦。我說的標準值是 7.4，所以 pH 7.1 是偏酸性，正確答案是酸中毒。

偏酸性是酸中毒，偏鹼性則是鹼中毒。

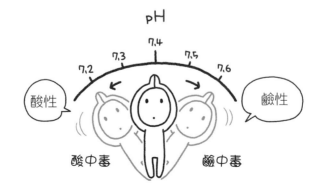

　　當pH值低於 6.8，或者高於 7.8，人就有死亡的危險，不過人體原本就是弱鹼性，不太可能會變成不到pH 7 的「酸性」。

　　那麼酸中毒和鹼中毒到底是如何引起的呢？從呼吸來想，酸中毒就是酸會增加，亦即 $PaCO_2$ 升高；相反地，酸減少了，也就是 $PaCO_2$ 降低，會鹼中毒。

　　為何 $PaCO_2$ 升高，酸會增加呢？因為二氧化碳溶於水會變酸，也就是二氧化碳進入血液會變成酸。

二氧化碳會溶在水裡嗎？

想像一下碳酸飲料，二氧化碳又稱為碳酸氣體，碳酸飲料就是將二氧化碳溶在水裡啊。

▶ Check !

> ・ 呼吸衰竭會使人體二氧化碳過多，亦即酸增加，造成酸中毒。
> ・ 過度換氣症候群是指換氣次數過多，二氧化碳排出太多，也就是酸減少，故 pH 值會偏鹼性。
> ・ 過度換氣症候群的 $PaCO_2$ 會降低。
> ・ 體內二氧化碳溶於水的化學式為：$H_2O + CO_2 \leftrightarrow H^+ + HCO_3^-$。如果水溶液（例如：血液）中的 H^+（氫離子）濃度變高，就會偏酸性。
> ・ 代謝（第 3 章 p. 70）異常會引起酸中毒，或鹼中毒。

7. 肺功能

　　到目前為止，我們已經大致了解呼吸的機制，最後再來談談肺部的功能。肺功能指的是自己到底能將多少空氣，以多大的力氣吸進呼出，而肺功能檢查則用來測定之。

　　肺功能檢查的結果會用肺量圖（Spirogram）來表示，如圖 2-4。像小山的曲線是正常呼吸的情形。小山頂峰表示吸氣結束（安靜時的吸氣位置），山谷表示吐氣結束（安靜時的呼氣位置）。兩者的差是一次的換氣量。

　　接著，高山的頂點是用力吸氣的結果，是最大吸氣位置，而谷底則是用力將氣吐出的最大呼氣位置。如圖 2-4，最大吸氣位置到最大呼氣位置，兩者之間的量，代表肺活量。

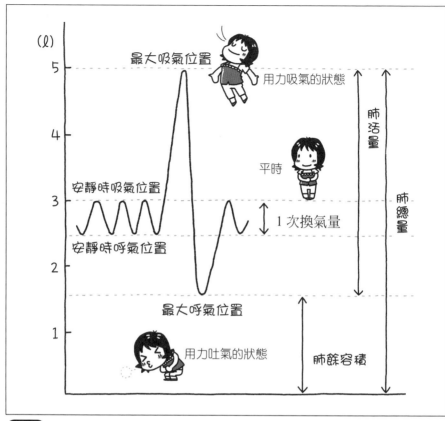

圖 2-4 肺活量

　　還有肺餘容積。不管你怎麼拼命吐氣，肺部都不會塌陷，氣管或支氣管也不會扁塌，這是因為這些部位還殘存一定量的空氣，即為肺餘容積。所以，肺餘容積加上肺活量就是肺部整體的容量，稱為肺總量。

肺總量＝肺活量＋肺餘容積

我的肺活量是 3500 mL，這在女性的記錄裡算多的吧？

是啊，女性一般大約是 2000～3000 mL，妳很適合當馬拉松跑者呢。男性的肺活量大約是 3000～4000 mL，人的身材越高大，一般而言肺活量越大。

第 **3** 章　消化系統・代謝

分解成小分子
才能進行消化與代謝

---

1. 消化道

請您不要像看到怪物一樣嘛……

甜食是裝到另一個胃的嘛。

52

消化和吸收進行的舞台是消化道。

消化道是從嘴巴到肛門的一條通道。

吃飯的時候不要講肛門啦!

口腔
食道
胃
十二指腸
空腸
小腸
迴腸
闌尾
盲腸
大腸
直腸
肛門

所以要先在嘴巴裡咀嚼。

妳說對了,因為要先將食物嚼碎。

咀嚼這個詞也常指理解一件事。

像「囫圇吞棗」也跟吃有關呢。

喔～妳真聰明。

既然這麼聰明那我問妳,妳知道消化器官的開端——嘴巴的功能嗎?

就是利用牙齒、上下顎和舌頭咀嚼嘛～

對了!還有唾液。

對,食物和唾液混合均勻,就能輕易吞嚥。

說起來,唾液中還含有消化酵素*呢……

哇啊,

消化酵素有好多種喔。

唾液澱粉酶
胰凝乳酶蛋白
胰澱粉酶
麥芽糖
蔗糖酶
脂肪酶
胃蛋白
胰脂肪酶
胰蛋白

*又稱酶,可以讓食物中的營養素轉換為人體能吸收的形態。

記不起來啦～

呃……如果畫個圖來幫助記憶，應該還好吧。

先跳過消化酵素的細節。

太好了

咀嚼之後是什麼呢？

吞下去，就是吞嚥！

答對了。

吞嚥動作的機制非常精巧喔。

喉嚨分為讓空氣通過的氣管和讓食物通過的食道。

呼吸時　氣管　空氣　（食道）

吞嚥時　食物　蓋子

蓋子？

用圖形解釋就像這樣。

這個蓋子就是會厭軟骨。

吞嚥時會厭軟骨讓食物不會跑進氣管。

大口快速吃

不過，如果不小心讓食物跑進氣管，造成吞嚥問題甚至可能引起肺炎*啊！

咳　咳咳

拍打

*吸入性肺炎是由於誤嚥，使食物或口腔內的細菌等，進入氣管而造成的疾病。

2. 食道與胃

妳知道食物怎麼從食道送到胃嗎？

改變話題了。

要怎樣送過去喔……

啊！

蠕動，就是靠蠕動。

太棒了，妳想出來了。

給妳拍拍手

不過，蠕動過一會兒再說明好了（p.58）。

為什麼？

唉、算了。

食道接著是胃。

胃是一個很了不起的器官喔。

滿心歡喜

用胃液將食物溶解，很了不起嗎？

啥！

妳竟然不覺得鹽酸、胃蛋白酶*、黏液的合作無間很感人！

嗯

不覺得感人啊。

拍桌

嚇一跳

快速靠近

不就只是胃液的成分嗎？

* 消化酵素的一種。

3. 十二指腸・胰臟

老師，胃液的酸性應該非常強吧？

胃有黏液保護所以不會被溶解，可是腸子呢？

沒關係。

在胃中變得稀巴爛的食物，進入十二指腸，會與鹼性的消化液混合。

是胰臟分泌的胰液嗎？

正確答案！

胃酸被胰液中和了。

真的好了不起喔～

就是說啊。

胰液會將醣類、脂肪、蛋白質這三大營養素（p.61）全部消化得一乾二淨。

分解

蛋白質

醣類

脂肪

油

胰液

酸性　　鹼性

胃　　　　腸

我不會說腸道運動像蚯蚓,而是像擠牙膏一樣。

很像喔。

蠕動讓人在倒立,或無重力的狀態下,能吃飯,當然也可以排出大便呢!

太好了,終於要到消化系統的最後了。

剩下的只有便便喔!

請說大便啦!

水分會被大腸吸收,

然後就變成較硬的便便。

她說便便吧? 嗯,她說了。

竊竊私語

如果大腸沒有吸收水分,就會變成軟趴趴的便便。

真是的

請您說軟便啦!

好啦好啦

再下來一些就會到達肛門的終點囉。

在這裡就會出現常聽到的……

排便！

沒錯。

仔細地說～

在到達肛門之前，會先在直腸形成大便。

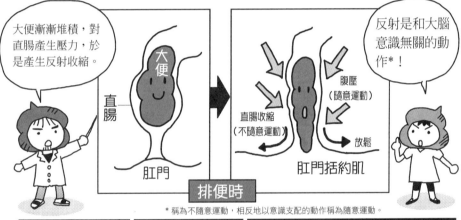

大便漸漸堆積，對直腸產生壓力，於是產生反射收縮。

直腸

大便

肛門

腹壓（隨意運動）

直腸收縮（不隨意運動）

放鬆

肛門括約肌

排便時

反射是和大腦意識無關的動作*！

* 稱為不隨意運動，相反地以意識支配的動作稱為隨意運動。

對，

隨著收縮，位於肛門內側的括約肌會同步放鬆，

這是不隨意運動。

蹲廁所，在馬桶上「嗯～」用力，

就是增加腹壓。

用力

在這裡屬於有意識的隨意運動。

接著，肛門括約肌一放鬆，消化吸收的漫長旅程就結束了……

5.　三大營養素

再來說明消化與吸收中出現過的營養素。

醣類、脂肪、蛋白質嗎？

醣類　脂肪　蛋白質

是啊，這三大營養素是能量來源。

再加上讓代謝順利進行的維生素和無機鹽（礦物質），合稱爲五大營養素。

醣類　脂肪　蛋白質　＋　維生素　無機鹽（礦物質）

MILK

三大營養素

加上我們就是五大營養素。

我不太能理解人體的代謝……因爲我的化學不好。

我想想……

這樣吧，

我們先說明人體常進行的化學反應。

從三大營養素開始！

好的，麻煩您！

首先是醣類。

醣類有葡萄糖、果糖、半乳糖、乳糖、麥芽糖、蔗糖、澱粉等等。

只有葡萄糖是腦部的能量來源。

所以念書不能缺少甜食啊！

基本的醣類的確是葡萄糖，

不過就算絕食兩天，也不會讓腦部能量來源減少。

倒是有可能因為肚子餓而注意力不集中呢。

哎呀？怎麼臉變得像顆方糖啊？

順帶一提，方糖是蔗糖喔。

註※1 單醣類：結構最簡單，所以容易被身體吸收。
　　※2 雙醣類：結合兩個單醣類。
　　※3 多醣類：結合多個單醣類。

說到脂肪……炸腰內肉比炸里脊肉有更多脂肪。

又是用食物來比喻啊？

我愛吃腰內肉～

豬肉等動物性油脂是中性脂肪，

脂肪的代表性物質是中性脂肪。

中性脂肪

G

此外，還有膽固醇*。

膽固醇

LDL HDL

*血中膽固醇有會促使動脈硬化的壞膽固醇（LDL），和防止動脈硬化的好膽固醇（HDL）。

就算是減肥也必需攝取脂肪嗎？

這是當然的。

一定要吃絕佳的能量來源──必需脂肪酸**～

可是脂肪的熱量很高。

只吃一點還要這麼介意熱量啊？

**必需脂肪酸：只能藉由食物攝取的脂肪酸。

我們看看中性脂肪的構造吧～

中性脂肪由甘油和三個脂肪酸結合而成。

脂肪酸分成不飽和脂肪酸和飽和脂肪酸，組合成不同的形態。

中性脂肪

甘油 G

甘油 G

不飽和脂肪酸　飽和脂肪酸　不飽和脂肪酸

不飽和脂肪酸　飽和脂肪酸　飽和脂肪酸

脂肪酸有許多種類*呢！

*脂肪酸依碳數多寡以及結合鍵結而分成許多種類。

必需脂肪酸指不飽和脂肪酸，是人體無法自行合成的脂肪酸。

一般來說，不飽和脂肪酸大多存在於植物或魚類，

飽和脂肪酸則多存在哺乳類的脂肪。

這裡所說的中性脂肪是由多種脂肪酸結合而成的。

讓我們再次複習所有的消化器官吧。消化系統是由口部到肛門的消化道，包括肝臟、膽囊、胰臟。消化吸收的一連串活動，可以看成工廠產線。

6. 消化系統全貌

①咀嚼
咀嚼為齒、顎、舌的共同作業。

②唾液
食物混合唾液。唾液含有消化酵素。

③吞嚥
將口中嚼碎的食物吞下的動作稱為「吞嚥」。通過食道進入胃。

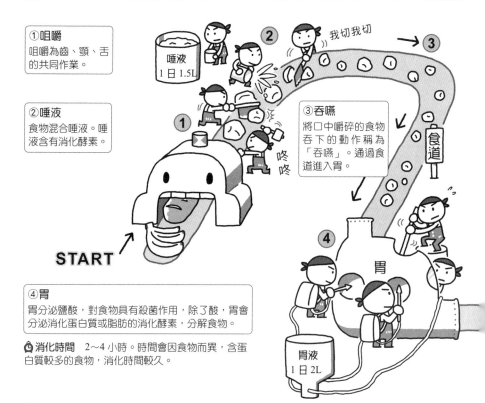

④胃
胃分泌鹽酸，對食物具有殺菌作用，除了酸，胃會分泌消化蛋白質或脂肪的消化酵素，分解食物。

🕐 **消化時間** 2～4 小時。時間會因食物而異，含蛋白質較多的食物，消化時間較久。

⑤十二指腸

進一步消化，使消化液混合。
消化液屬鹼性，使胃的酸性稀泥狀
食團中和。
胰臟分泌出的胰液含有作用
於全部蛋白質、脂肪的消化
酵素；膽囊分泌的消化液是
膽汁。

⑥小腸

小腸分泌消化液是最後的消化階段，
小腸壁上的營養吸收細胞，會將營養
素吸收到體內。成人的小腸長度大約
為 6～8 公尺。

🕐 消化時間　3～5 小時左右。

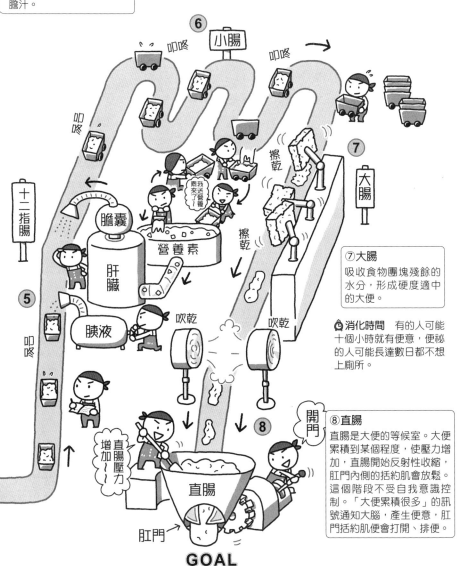

⑦大腸

吸收食物團塊殘餘的
水分，形成硬度適中
的大便。

🕐 消化時間　有的人可能
十個小時就有便意，便祕
的人可能長達數日都不想
上廁所。

⑧直腸

直腸是大便的等候室。大便
累積到某個程度，使壓力增
加，直腸開始反射性收縮，
肛門內側的括約肌會放鬆。
這個階段不受自我意識控
制。「大便累積很多」的訊
號通知大腦，產生便意，肛
門括約肌便會打開、排便。

GOAL

7. ATP 與檸檬酸循環

人體的活動能量，來自合成或分解攝進體內的物質，合成或分解的反應稱為代謝。在此對代謝進一步詳加說明。

首先來看看，吸收到體內的營養素，產生能量的過程。這裡有一種類似「燃燒」的作用，但並非指在體內將能量來源點火，而是產生化學性的「氧化」反應來獲得能量。

所謂的氧化，是指利用吸入體內的氧氣，使營養素產生能量的反應。營養素指醣類、脂肪和蛋白質，是燃料來源，氧化的最終形態是 ATP（三磷酸腺苷，adenosine triphosphate）。分解 ATP 所產生的能量，讓我們能夠運動，或進行消化作用。

ATP 的分解是在身體哪個部位進行呢？

細胞所有活動都需要能量，所以人體的各個細胞都可以進行 ATP 分解作用喔。分解 ATP 所產生的能量，最後以熱的形式散發。

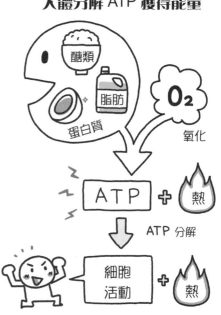

人體分解 ATP 獲得能量

　　讓營養素燃燒、製作 ATP 的是檸檬酸循環。在此還沒有必要記憶檸檬酸循環反應的各種化學式，我們先來大致說明吧。

　　檸檬酸循環的能量產生過程是怎樣呢？首先，各種營養素經酵素分解，變換形態，進入檸檬酸循環；接著，酵素利用氧氣引發連續的氧化反應，獲得能量。只要有酵素與能量的供給，檸檬酸循環就會進行，持續產生 ATP。

　　ATP 的產生必須有氧氣，但是只要有醣類，就算沒有氧氣，還是可以產生少量的 ATP，這種作用稱為糖解作用。

檸檬酸循環的示意圖

蛋白質　　醣類　　脂肪

分解　　分解　　分解

進入

O_2　　O_2

能量
CO_2
$+$
水

O_2　　O_2

O_2

循環次數越多，
產生越多 ATP。

利用氧氣連續進行氧化反應，獲得能量。

▶ Check !

■ 檸檬酸循環又稱為 TCA 循環或克氏循環。
■ 糖解作用產生的 ATP 量，約是檸檬酸循環的二十分之一。

8. 消化液與消化酵素

關於消化液或消化酵素，現在我們來整理一下重點吧！請參照 p. 68 的消化系統全貌一起讀，會更有幫助喔。

消化液是從哪些地方分泌的啊？請妳從口部開始，依序說看看。

口部的唾液，胃的胃液，十二指腸有胰液和膽汁，小腸是腸液。

回答得不錯。人體所有的消化液，一天的總分泌量竟然高達 8 L。妳可能會想，分泌那麼多，不會脫水嗎？不必擔心，消化液所含的水分，會被消化道吸收回來，不會脫水。

除了膽汁，幾乎所有的消化液都含有消化酵素，但是因為膽汁能幫助消化，所以屬於消化液。膽汁是嚴重嘔吐時會出現的苦味黃色物質。當胃裡已經沒有東西可以吐，膽汁會被吐出來，膽汁是老化紅血球變成的。

我們口部攝取的食物，很難直接被人體吸收。因此，為了讓食物變成可以吸收的營養素形態，消化酵素扮演著極為重要的角色。

這些都要背嗎？

不要擔心，這裡只說明主要的三種消化酵素。

我們先來說明，容易記憶消化酵素名稱的規則吧。

首先，酵素的英文語尾習慣加上「ase」。澱粉的拉丁文是amylum，澱粉的分解酵素就是「amylase（澱粉酶）」；蛋白質的英文是protein，所以蛋白質的分解酵素就是「proteinase或protease（蛋白酶）」；脂肪是lipid，脂肪的分解酵素就成了「lipase（脂肪酶）」。

消化酵素可大致分為三類。澱粉酶和蛋白酶還分為許多種類，但重要的消化酵素只有少數，整理後很容易記憶。

語尾是「ase」的酵素

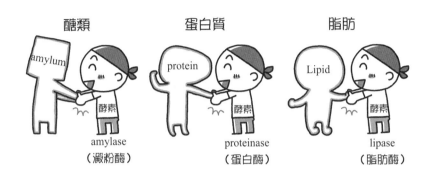

| | 醣類 | 蛋白質 | 脂肪 |

amylase（澱粉酶）　　proteinase（蛋白酶）　　lipase（脂肪酶）

表 3-1　主要的消化酵素與作用

	分解醣類的酵素	分解蛋白質的酵素	分解脂肪的酵素
唾液	唾液澱粉酶 澱粉→麥芽糖	──	──
胃液	──	胃蛋白酶 蛋白質→胜肽	──
胰液	胰澱粉酶等 澱粉→麥芽糖	胰蛋白酶、胰凝乳蛋白 蛋白質→胜肽或胺基酸	胰脂肪酶 脂肪→脂肪酸＋甘油
腸	蔗糖酶等 蔗糖或乳糖等→單醣類	腸蛋白酶 蛋白質或胜肽→胺基酸	──

※胜肽由胺基酸鍵結而成，比蛋白質的分子小，含有的胺基酸數量不一定。

 哇～果然有很多酵素啊。

 至少要記得分解蛋白質的酵素喔。

73

9. 肝臟的功能

最後來解說，對於消化和代謝有著重要功能的肝臟。肝臟在許多人體的作用中具有很重要的地位。

　　肝臟接收的血液來自兩種血管，一種是「肝動脈」，運送來自主動脈、富含氧氣的動脈血；一種是「肝門靜脈」，運送來自腸，吸收了豐富營養的靜脈血。

　　肝臟的功能很多，以下將依序說明。

肝臟具有解毒功能

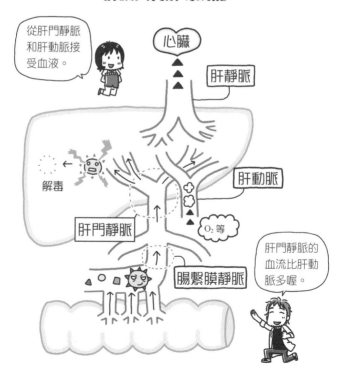

肝的第一個功能是對進入人體的酒精或有害物質進行解毒作用。首先，妳應該知道毒物進入人體的途徑，主要以嘴巴為入口。所以毒物會被消化道吸收，在腸道透過肝門靜脈送往肝臟。

肝門靜脈是在肝臟執行解毒等工作的重要血管。我想妳應該有注意到，肝臟除了肝門靜脈，還有其他維持肝臟活動的血管，就是肝動脈。請記得，像肝門靜脈一樣，為了某種工作存在的血管，屬於功能血管；像肝動脈，為了養活肝細胞而存在的血管，稱作營養血管（p.74 圖）。

肝臟的第二個功能是代謝作用，用來自消化道的營養素作為材料，合成或分解蛋白質、膽固醇、肝醣等。肝醣由許多葡萄糖鍵結而成，儲存在肝臟，必要時會分解為葡萄糖，釋放到血液中（p.75 圖）。

第三個功能是儲存。肝臟除了儲存肝醣，還儲存了維生素或鐵質等。肝是營養的儲存庫。很多女性有缺鐵性貧血，建議妳們可多吃肝臟啊！

肝臟具有儲存營養的功能

75

肝的第四個功能是製造膽汁，膽汁在膽囊濃縮、儲存。膽汁的工作是輔助消化酵素作用或是脂肪的吸收，可見肝臟在消化中扮演著很重要的角色。順帶一提，膽汁的顏色是紅血球的紅色色素，也就是血紅素（第5章 p.108）代謝形成的膽紅素。

由此可知，人體的肝臟非常重要，如果肝功能異常，無法代謝營養素，無法合成身體的蛋白質或脂肪，無法分解體內毒素，甚至連必要的營養素都不能儲存，那就糟糕了。

膽汁是回收血紅蛋白製成的

這個紅色色素……

變成膽紅素！

血紅蛋白

膽汁

膽囊

肝臟的工作會不會太多啊？這麼操勞還叫作「沉默的器官」……

是啊。不過肝臟的再生能力很強，手術切除四分之三，還會再生，恢復成原來的尺寸。肝的分裂增生能力很強。

▶ **Check！**

> ▦ 膽紅素又稱為膽汁色素。膽汁或大便的顏色就是膽紅素的顏色。
> ▦ 肺部和肝臟一樣，有功能血管和營養血管。負責血液氣體交換等工作的功能血管是肺動脈；養活肺部細胞的營養血管是支氣管動脈。

第 4 章　腎臟・泌尿系統

二十四小時
排出老舊廢物的工作者

1. 腎臟的主要功能

開門

午安……

驚

哇！老師？

我正在煩惱。放著沒整理，越來越多，

不要的東西要拿去丟掉才行呢。

全都丟不是比較好嗎？

人類的身體也一樣，會堆積老舊廢物喔～

腎臟的工作就是處理這些老舊廢物。

人體不要的物質會以尿的形態從腎臟排出去。

腎臟

尿

水　電解質

廢物

排泄

沒錯，

把體內不要的物質丟棄的過程，稱作排泄。

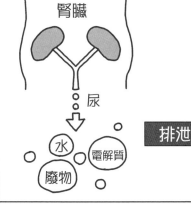

妳知道腎臟怎樣製造尿液嗎？

我想想

過濾血液⋯⋯

沒錯。

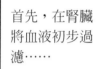

首先，在腎臟將血液初步過濾⋯⋯

並回收過濾液中還有價值的物質，剩下的廢物形成尿液排出體外。

我們來模擬看看吧。

在這裡嗎？

把這張桌子當作血管內部，腎臟的腎小球部位。

腎小球由血管聚集而成。

砰

？

過濾液是什麼?

嗯~

應該……是尿液的前身吧?

沒錯。

稱作原尿。

過濾液缺少紅血球和蛋白質,其他成分幾乎與尿液一樣。

從血液過濾進入鮑氏囊的物質

• 粒子太大
　無法過濾

血液

水・尿素・葡萄糖　蛋白質　　紅血球

鮑氏囊

• 只有小粒子會過濾出來

原尿

喔～

實際上,血液成分能進入鮑氏囊的只有血漿(p. 107)。

腎小管將周圍物質回收到血管的過程，稱為再吸收。

腎小管分為三個部分。

是哪三個部分呢？

唉

那個……叫什麼來著，

亨、亨……

亨耳氏！

亨耳氏套。

就是那個啦

喪氣

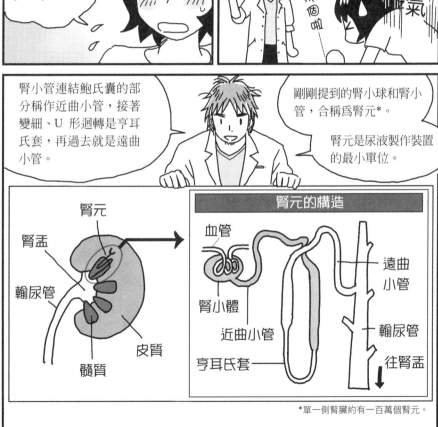

腎小管連結鮑氏囊的部分稱作近曲小管，接著變細、U 形迴轉是亨耳氏套，再過去就是遠曲小管。

剛剛提到的腎小球和腎小管，合稱為腎元*。

腎元是尿液製作裝置的最小單位。

腎元

腎盂

輸尿管

髓質

皮質

腎元的構造

血管

腎小體

近曲小管

亨耳氏套

遠曲小管

輸尿管

往腎盂

*單一側腎臟約有一百萬個腎元。

妳認為腎小管會再吸收哪些物質呢？

水或礦物質……

答對了。

血管

腎小球

血管

腎小管

再吸收

水或鈉離子、鉀離子等礦物質會依身體狀況，吸收必要的量。

再吸收

其他還有葡萄糖、胺基酸或維生素也會被再吸收。

滿心愉悅

事實上，腎小管也負責丟棄殘留在血管內不需要的礦物質、酸或毒物等。

腎臟真了不起！

腎臟以這樣的作法讓體內環境保持穩定，這種機制稱作恆定性（p.89）。

補充說明

尿液中除了水,還含有礦物質(鈉等)、尿素、尿酸、肌酸等成分。健康者的尿液為透明的淡黃色,不含蛋白質或糖。不過尿液的組成並不固定,尿液和恆定性關係密切。

2. 尿的成分與排尿機制

尿液會隨著人體狀況而有不同的顏色與氣味,跑完馬拉松顏色會很深,或者喝太多水,就會出現幾乎無色的尿液。

這是為了保持體內的環境,維持一定的水分或 pH 值等。

體內環境要隨時保持恆定,可是攝入體內的物質,身體的活動量或流汗的情形每天都不同。因此,人體所排出的尿液時時發生變化。

如果不太喝水,或是排汗流失大量的水分,人體為了減少水分排出體外,尿液就會被濃縮,顏色變濃、量變少。若是喝下大量的水,多餘的水分會以尿排出,尿液就會變淡且量多。

成人大約以一分鐘 1 mL 的速度製造尿液,尿液製造完成不會馬上流出,儲存尿液的是膀胱。那麼,我們接著來看「排尿」的過程吧。

腎臟產生的尿液通過輸尿管,儲存在膀胱,若為站姿或坐姿,尿液會隨重力自然地進入膀胱,但即使是躺著的人或是處於無重力狀態的太空人,尿液也能夠被運送到膀胱,因為輸尿管會主動將尿液送到膀胱。

尿液的量與成分怎樣調節呢？

尿量的調節主要和兩種激素有關。一個是抗利尿激素，為腦下腺後葉分泌的激素（第 10 章 p. 210），稱為血管收縮素（Vasopressin）；另一個則是由腎上腺皮質分泌的醛固酮（Aldosterone）（第 10 章 p.205）。

雖然這兩者都能調節尿量，但使尿量減少的方式不同。

當血液滲透壓（第 5 章 p. 102）變高，身體會分泌抗利尿激素，促進腎小管的水分再吸收。因此，血液中的水分會增加，讓「太濃」的血液變回正常濃度。結果使尿液濃縮，尿量減少。

醛固酮則在血壓下降時分泌，促使腎小管進行鈉離子的再吸收。鈉離子能吸水，所以水分會被再吸收（圖 4-1），使尿量減少。

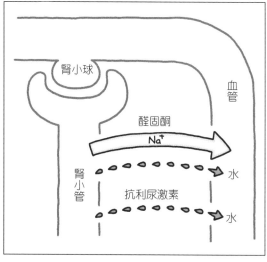

圖 4-1 調節尿量的激素

Column 「恆定性」是身體的危機應變系統

「恆定性」的英文是 Homeostasis。生物對應身體外部與內部環境的變化，為了保持體內平衡，而維持恆定性。除了體溫調節、體液、pH 值、滲透壓，還能擊退入侵的病毒、治療傷口，讓人在血糖值下降時感到餓而進食，使人有脫水的傾向就會覺得口渴想喝水……這些機能都是恆定性的作用。恆定性由自律神經和內分泌系統負責。

生物體就像不倒翁，只要體內環境發生變化，恆定性就會作用，取得平衡。

排尿的機制

嗚

積尿

這是膀胱膨脹的情形。膀胱壁的平滑肌放鬆，位於膀胱出口的尿道括約肌（平滑肌），還有尿道外的肌肉（骨骼肌）收縮。

用力擠

呼

排尿

膀胱壁的平滑肌收縮，尿道肌肉放鬆，開始排尿。

接著是排尿機制。膀胱內沒有尿液累積時，膀胱壁的平滑肌放鬆，膀胱出口的尿道括約肌（平滑肌）還有尿道外的肌肉（骨骼肌）收縮，進行積尿動作。累積 200～300 mL 的尿液，會壓迫膀胱壁，訊息傳遞到腦部，引起尿意。當你急忙趕往廁所要排尿，膀胱壁的肌肉會收縮，尿道肌肉放鬆，就開始排尿。

排尿動作會持續到排出所有尿液為止，如果有突發狀況，膀胱內可能會有尿殘留，即殘尿，很可能造成細菌增殖。

膀胱可以累積多少尿液啊？

通會累積 200～300 mL 的尿液，會引起尿意，如果故意憋尿，可以累積到 500 mL。就膀胱的構造而言，最多可以累積到 800 mL。

男女的尿道有差別吧？

 是啊。男性的尿道為 16～18 cm，女性的尿道只有 3～4 cm。

　　由於尿道較短，女性很容易因為細菌從尿道口進入膀胱，引起膀胱炎。多喝水、常跑廁所，能有效沖掉細菌。另外，要注意保持尿道口清潔。

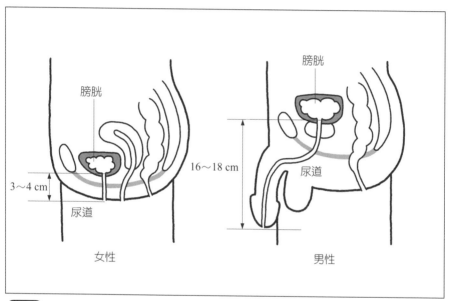

圖 4-2 男女的尿道

Check !

■ 尿管、膀胱、尿道合稱為尿路。

■ 排尿是將不需要的物質從體內排出的方式。如果不希望尿液太濃，使體內環境維持正常，攝取充足的水分是相當重要的。

■ 膀胱和尿道括約肌為平滑肌（不隨意肌），尿道外的肌肉為骨骼肌（隨意肌），所以排尿動作是由不隨意動作和隨意動作互相配合的複雜機制。

3. 腎臟功能喪失

腎臟具有捨棄體內老舊廢物、多餘水分和礦物質等功能，如果無法正常運作，會發生什麼事呢？

一日的尿量為 1～1.5 L，但根據喝水量或排汗量，可能會有 2 L 或 1 L 的尿。一天的尿量在 400 mL 以下，稱為貧尿，是個大問題，因為要排除體內產生的老舊廢物，至少需要 400 mL 的尿。更嚴重者，一日的尿量在 100 mL 以下，稱為無尿，無尿並非完全沒有，而是指腎臟幾乎無法製造出尿液。

 如果腎臟無法作用會怎樣呢？

 腎臟的功能無法正常作用，稱作腎衰竭。有程度較輕的病例，也有腎臟功能完全喪失、無法作用的嚴重狀態。

腎衰竭的問題在於無法排出「水」、「酸」、「鉀」、「老舊廢物」，讓這些物質累積在體內。就像游泳池的濾水系統壞掉，泳池水會漸漸變髒，嚴重時可能會造成生命危險。

如果無法排出多餘的水分，全身會水腫、血液量增加，造成心臟衰竭。心臟衰竭可能使水分侵入肺部（肺水腫）。酸無法排除，會造成酸中毒；鉀在體內累積，則會引起心肌痙攣（心室纖維顫動）而猝死。各種老舊廢物無法排出，會引起尿毒症。

無法排除老舊廢物的腎臟

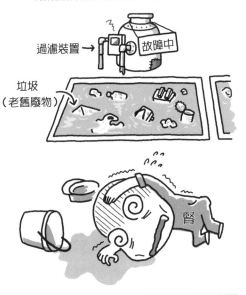

過濾裝置 →　故障中

垃圾（老舊廢物）

腎

▶ **Check !**

■ 由於腎臟和血壓或血液製造、鈣質代謝相關，因此腎衰竭會引起高血壓、貧血或骨折。

■ 嚴重腎衰竭需要進行人工透析，讓血液流過機械，除去體內的水分或老舊廢物等。

4. 腎臟是內分泌器官的一種

 腎臟會分泌激素，是內分泌器官的一種喔。

 喔～腎臟不只會製造尿啊。

　　腎臟會分泌和血壓、製造血液有關的激素。腎臟過濾血液，讓大量的血液通過，一發現有問題，就會分泌解決問題的激素，是個非常有用的機制。

　　腎臟監測的是血壓和氧氣濃度。血壓下降會使腎小球無法完全過濾血液，因此必需分泌腎素（Renin），讓血壓上升。腎素並非直接使血壓上升，而得先與其他激素作用。

　　若是流過腎臟的血液氧氣濃度不夠，腎臟會判定運送氧氣的紅血球不足，分泌能讓骨髓製作紅血球的紅血球生成素（Erythropoietin）。

腎臟時時要做出正確的指示

腎臟還有另外一個功能，就是會活化維生素D。維生素D和鈣的代謝有關，是讓骨骼強壯的必要維生素。維生素D可以從食物中攝取，曬太陽可在皮膚中形成維生素D，不過這樣無法強化骨骼，必須在腎臟將維生素D變成活化型維生素D，才能確實代謝鈣質。

維生素 D 變身為活化型維生素 D

▶ Check！

　　人體腰部的左右兩邊共有二顆腎臟。腎臟的功能正常時，一個腎也能完成任務。腎衰竭的患者接受親屬的腎臟移植，兩者都能以一顆腎臟存活，因為腎臟有著充分的作用能力。

第 5 章

體液・血液

人體細胞之海

---

1. 體液——人體 60%是水

咕嚕 咕嚕
咕嚕

飲料
味道怎樣？

成人體內大約有60%的水分呢

……

啊

其中有三分之二爲細胞內液，剩下的三分之一則是細胞外液。

細胞外液可以再分成組織液，佔四分之三，其餘的就是血漿（血液中的液體成分）或者是存在於體內的水分！

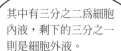

細胞外液 細胞內液

血漿 水分 組織液

喔～說得眞棒。

啊，原來妳說的都寫在標籤上。

咕咕咕咕咕

被您發現啦？

妳認爲如何？

今天就學習這個主題吧？

請多指教！

好，

那我們先從田地開始。

田地

唐田，

妳對田地有多了解呢？

啥？

爲什麼會扯到田地……

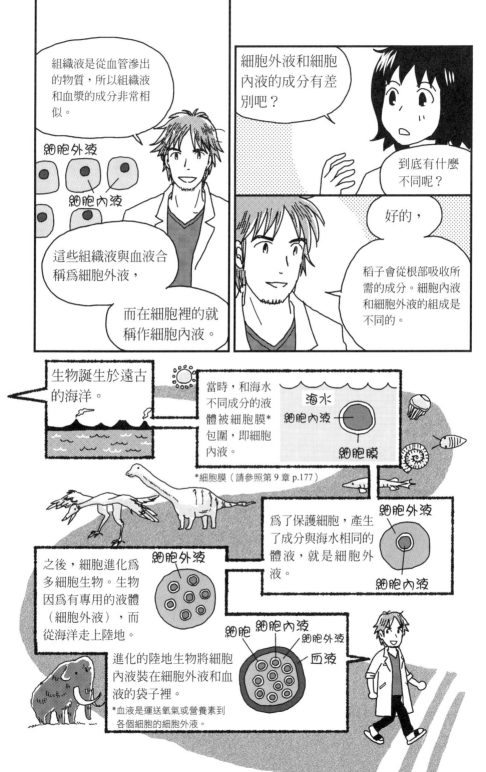

對體液來說還有一點很重要——滲透壓。

必需了解才能詳細說明體液。

做菜好像會出現滲透壓這個詞。

醃小黃瓜之類的～

請老師講解詳細的原理。

沒問題～

了解滲透壓，有個大前提。

那就是將兩種不同濃度的液體分隔的半透膜。

半透膜

濃 淡

半透膜是不是只有小分子能通過？

細胞膜也是半透膜吧！

妳說的沒錯。

像這個左右濃度不同的液體，以半透膜隔開，最後兩邊會變成相同的濃度。

水的移動

濃 淡

滲透壓

這個力量就稱爲滲透壓。

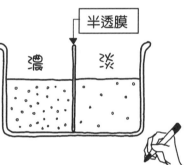

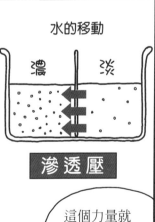

醃小黃瓜會出現水分，就是因為這個原理。

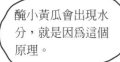

哦

SALT

滲透壓

嗯？

最後會變成相同濃度，這和呼吸器官交換氣體會出現「擴散」，有什麼不一樣嗎？

擴散是指某個物質從高濃度往低濃度移動，中間沒有隔著半透膜，所以空氣中的物質會發生擴散現象。

	方向	移動的東西
擴　　散	高濃度→低濃度	物質
滲透壓	低濃度→高濃度	水

原來如此——

我還有問題！

滲透壓是不是當液體的濃度越高，壓力就越大呢？

這是個好問題。

滲透壓的強度和液體中的「粒子」數量成正比喔。

但沒有限定只能有一種粒子。

104

人體如果沒有水,就不能正常運作。使全身血液正常循環,排除不需要的老舊廢物,維持體溫,分泌消化液等,都必須要有水。

3. 水分進出與脫水

水佔體重的 60%。日常生活中,身體水分的變化如何呢?圖 5-1 表示成年男性平均的日常水分進出情形。進入身體的水分,是含於白開水、飲料、蔬菜、肉、米飯等食物中的水分,攝取量因人而異,也受氣候影響,但平均來說,不論是攝入或排出的水,都大約是 2600 mL。

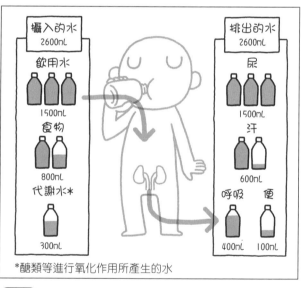

攝入的水
2600mL

飲用水
1500mL

食物
800mL

代謝水*
300mL

排出的水
2600mL

尿
1500mL

汗
600mL

呼吸
400mL

便
100mL

*醣類等進行氧化作用所產生的水

圖 5-1 一日的水分進出(成年男性的平均狀況)

若是健康的成人,水的攝取量就會同於排出量。

排出量如果太少,身體就會浮腫;太多就會脫水。

出現脫水症狀，
會怎樣啊？

 身體功能出現異常，嚴重時會引
起循環不良、意識障礙、體溫上
升等，甚至可能死亡。

　　體液分為細胞內液和細胞外液，故脫水有兩種情形，一是細胞內液減
少的高滲性脫水，一是細胞外液減少的低滲性脫水。高滲性脫水主要是因
為大量出汗或水分攝取不足，特徵是口渴；低滲性脫水是循環血液減少，
使血壓嚴重下降。以點滴補充水分時，可能讓體液變淡，必須補充電解質。

▓▶ Check !

> ▓ 水分佔兒童體重的比例很高，流汗或呼吸喪失的水分量也多，所以容易脫水。
> 另外，老年人則因不太會去攝取水分，或者有疾病障礙無法喝水，而容易脫
> 水。

4. 血液

 接下來，繼續剛剛提到的細胞內液與細胞外液。生物在
進化過程，形成讓細胞外液循環的機制──血液，我們
來瞧瞧血液的特徵與任務吧。

　　採集血液並加入藥物讓它不凝
固，放入離心機，就會像圖 5-2，血
球沉積於管子下方，上方則有澄清
液，就是血漿。

　　血液中多數的血球是紅血球，因
此看來紅紅的。紅血球的上層有白
血球，更上面則有薄薄的一層血小
板。血球佔的比例稱為血容比。

　　接下來，依序介紹各種血球吧。

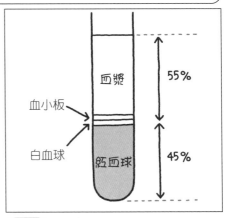

圖 5-2 血液的成分

5. 紅血球

數量最多的血球是紅血球。紅血球雖然是一個細胞，但骨髓製造的成熟紅血球，並未具有細胞核，形成中央凹陷的圓盤狀，無法分裂增殖。紅血球的形狀具有較大的表面積，利於接收氧氣，容易折疊，能進入直徑小於紅血球的微血管。

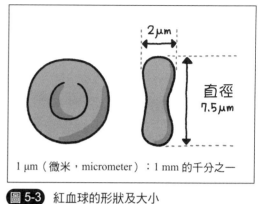

1 µm（微米，micrometer）：1 mm 的千分之一

圖 5-3　紅血球的形狀及大小

紅血球的工作是搬運氧氣，執行者為具血紅素的血紅蛋白。血紅蛋白結合了含鐵、稱為血紅素（Heme）的色素。氧氣容易附著在血紅素上，能在肺泡中有效率地接收氧氣。與氧氣結合的血紅蛋白呈現鮮豔的紅色，因此動脈血為鮮紅色，但血紅蛋白會在末梢血管釋出氧氣，使靜脈血呈暗紅色。

氧氣遇到血紅蛋白就會馬上緊緊地黏上去，
使血紅蛋白變成鮮豔的紅色。

鐵攝取不足就會貧血，罹患缺鐵性貧血的好像多為女性？

 就像妳說的一樣。鐵是血紅素的一項原料，鐵攝取不足無法製作血紅素，使紅血球數量減少。

女性因為月經，每個月會流失一定量的血液，容易貧血。而且女性的紅血球數量、血紅素濃度原本就比男性低。

缺鐵性貧血多出現在女性

Column 「貧血」和「腦部血流量減少」不一樣

　　血紅素減少等因素使氧氣運送能力下降，這種狀態稱為貧血，意指血紅蛋白濃度或紅血球數等變得比標準值低。許多年輕女性有缺鐵性貧血，這種情形較常見，還有紅血球被破壞的溶血性貧血，或是因為骨髓造血功能不良引起的再生不良性貧血等嚴重的貧血狀況。

　　早上升旗時，眼前一黑就昏倒，俗稱為「貧血」，但實際上是暫時性血壓降低，使腦部血流量減少（稱為缺血），換句話說，這是低血壓造成的。容易累、沒有精神、臉色差，是貧血與腦部缺血的共通症狀，很容易混淆，可是實際上這兩者是不同的。

紅血球有壽命嗎？

 紅血球的壽命約一百二十天，老舊紅血球在肝臟或脾臟中被破壞，血紅蛋白上的血紅素變成膽紅素存於膽汁，排出體外。

血紅素變成膽汁裡的膽紅素，最後排泄掉。

①老舊的紅血球在脾臟
　或肝臟中被破壞。

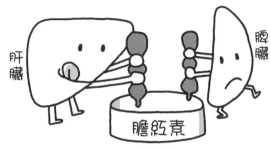

②肝臟處理。

③製成膽汁，
　蓄存在膽囊。

▶ Check！

- A 型、B 型、O 型等血型是依據紅血球細胞膜上的抗原所做的分類。以日本人來說，A 型大約佔了 40%、O 型為 30%、B 型為 20%、AB 型為 10%。
- 人體所產生的二氧化碳，可溶解於血漿來運送。

6. 白血球

白血球是身體的防衛隊。擊退入侵的細菌或病毒等外敵，破壞、處理受病毒入侵的細胞或癌化細胞，這些「免疫」工作都由白血球負責。

白血球大致分為顆粒球、單核球、淋巴球三大類，可再細分為許多種類，特性或任務都不同。這些不同形態的白血球合作擊退入侵者的機制非常精巧。

血液中的白血球數為 5000～8000 個／μL（微升）。顆粒球細胞內具有「顆粒」，可分為嗜中性球、嗜酸性球、嗜鹼性球，大部分都是由嗜中性球大口大口地將入侵者吃掉。

這種功能稱為吞噬作用。傷口化膿的膿就是嗜中性球的屍體。嗜酸性球與嗜鹼性球的數量少，和吞噬作用或過敏反應有關。

單核球呈圓形大細胞狀，在血管中存在。單核球會穿過血管壁，進入組織，變成巨噬細胞的形態。巨噬細胞會伸出像阿米巴原蟲一樣的觸手，遇到外敵就抓來吃掉，具有吞噬作用。

淋巴球分為 B 細胞、T 細胞、NK 細胞等，負責製造抗體，是免疫功能的指揮中心。免疫功能的主角是淋巴球。

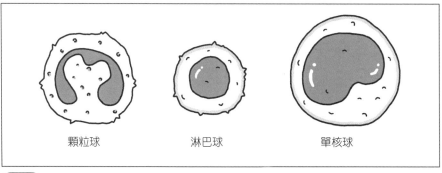

| 顆粒球 | 淋巴球 | 單核球 |

圖 5-4　三種白血球

 外敵入侵時，有哪些「擊退方法」呢？

 首先，偵察部隊嗜中性球或巨噬細胞形態的單核球會往前衝刺，吃掉外敵；接著將吃掉的外敵殘骸提交給身為前線司令官的輔助 T 細胞，發動總攻擊。

①前線司令官輔助 T 細胞，得到巨噬細胞傳來的敵人（細菌）情資，就會向 B 細胞發出指令：「製作敵人專用的武器（抗體）來進行攻擊」。

②B細胞製造抗體，釋放到血液中，外敵會被抗體附著而遭破壞，或者被聚集過來的巨噬細胞吃掉，就此消滅。

③輔助 T 細胞同時下令給殺手 T 細胞，處理被外敵侵害的細胞。

④成功排除外敵，最高司令官——抑制 T 細胞，會宣告攻擊結束。

▶ Check !

■ 外敵入侵一次，B 細胞就會記住相關訊息。因此，如果同一個外敵再度入侵，就可以釋放大量的抗體，輕鬆擊退外敵。由於一個B細胞只能記憶一個外敵，人體其實有許多不同種類的 B 細胞。

112

7. 血小板

血小板是骨髓巨核細胞的殘骸物質，沒有細胞核。血中約有 30 萬個/μL 的血小板，數量雖然非常多，但血小板比紅血球等血球細胞小很多，所以用離心機處理血液後，只有薄薄的一層。

血小板的工作是止血。除了血小板，血漿中所含的纖維蛋白原也在止血機能上扮演重要的角色。

血管受傷流血，血小板會馬上反應，聚集到受傷的部位，形成暫時性的遮蔽物。血小板會迸開，釋放出內部的物質，使纖維蛋白原經過幾個程序，轉變為纖維蛋白。纖維蛋白又稱為纖維素，是一種纖維狀物質，會在傷口處形成網狀物，使紅血球被纏繞在網狀物上凝固，使傷口產生牢固的遮蔽物，稱為凝血（圖5-5）。

按壓止血有效嗎？

有效，壓迫可以幫助血液凝固（p.114）。微血管或小靜脈出血，按壓著傷口可幫助止血。

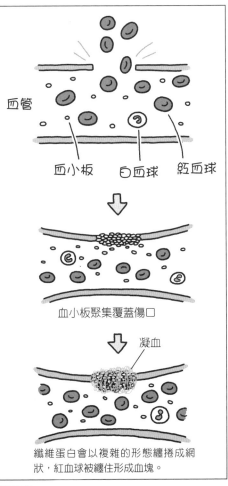

血管

血小板　　白血球　　紅血球

血小板聚集覆蓋傷口

凝血

纖維蛋白會以複雜的形態纏捲成網狀，紅血球被纏住形成血塊。

圖 5-5 封閉傷口的機制

受傷部位的血液會結塊，抽血的血液也會結塊，這種現象稱為凝血，所以檢查需要加入不讓血液凝固的藥劑。血液會凝固是因為血漿具有血小板。

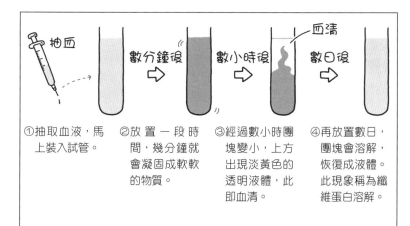

①抽取血液，馬上裝入試管。

②放置一段時間，幾分鐘就會凝固成軟軟的物質。

③經過數小時團塊變小，上方出現淡黃色的透明液體，此即血清。

④再放置數日，團塊會溶解，恢復成液體。此現象稱為纖維蛋白溶解。

（圖 5-6）血液凝固的變化

■▶ **Check！**

> ■ 凝血反應到最後會轉變成纖維蛋白溶解，可見在體內形成的凝血塊會溶解消失。
> ■ 止血與血液中的鈣離子有關，還和許多的凝固因子有關。

Column　**過敏是免疫的過度反應**

　　過敏是免疫功能為了排除入侵體內的病毒或細菌等外敵，而產生的過度反應現象。對於食物或花粉等本來沒有必要視為外敵的物質，免疫系統卻產生反應，這就是過敏。具代表性的過敏疾病有過敏原為杉木等的花粉症（鼻炎或結膜炎）、食物過敏、異位性皮膚炎、支氣管哮喘等。「異位」從語源來看是「不特定場所」的意思，具有「原因不明」、「不可思議」的意思。

　　不論是大人或小孩，現代人的過敏現象都有增加的趨勢。雖然人們認為這與環境因子密切相關，但原因到目前為止尚未確定。

第6章 腦・神經系統

神經傳遞的速度
每秒 120 公尺

1. 神經元

舍監阿姨～
打擾一下。

抱歉打擾你們談話。

請問我房間的冷氣什麼時候會來修理……

妳不是唐田嗎？

少爺，你認識組子啊？

是啊，因為一些緣故認識啦～

那個，冷氣機……

對不起喔～

我都忘了！

我想今天傍晚應該會來修理。

來，妳也坐下來一起喝杯茶吧。

要到傍晚啊……

嗯，那就麻煩妳了。

唐田妳住在宿舍啊？

在準備考試嗎？

對啊。

正在努力念神經系統。

老師是舍監阿姨的朋友啊？

啊，謝謝您。

我剛剛聽到少爺……

伸手

握住

好燙啊

呼～
呼～

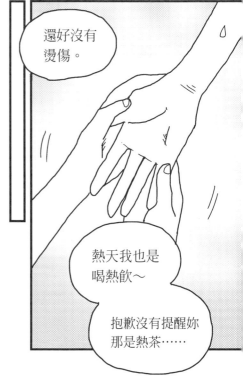

還好沒有燙傷。

熱天我也是喝熱飲～

抱歉沒有提醒妳那是熱茶……

託您的福，讓我對神經傳遞更有興趣了。

瞼紅

說起來，感到「好燙」的動作和神經系統的關聯是什麼呢？

嗯～先聊聊神經細胞，也就是神經元。

身體布滿了神經網路。

這個網路基本上由神經元組成。

中樞神經 [腦 脊髓] 周邊神經

用圖來說明，大概就像這樣。

由樹突或細胞體獲得訊息，然後透過軸突傳遞。

神經元

樹突

細胞體

軸突

神經元的興奮*以釋放傳遞物質的形式，透過突觸傳遞給下一個神經元。突觸的訊息傳遞是單向的。

突觸

神經傳遞物質

118　*神經元只有興奮和靜止兩種狀態，興奮和電流有關。

2. 神經系統

神經並不是單純的一條長線，

從一個神經元傳遞到另一個神經元，過程是細緻而複雜的。

是啊！

神經元將自己運送的訊息傳遞到腦、脊髓的中樞神經。

感覺神經

產生「好燙！」的感覺

運動神經

下達「把手挪開！」的動作命令

自律神經

心跳不已　膽戰心驚

會因為「嚇一跳」而讓心臟跳得快些

老師您現在提到的，

分別是感覺神經、運動神經、自律神經……

三者屬於周邊神經系統！

周邊神經系統

感覺神經　運動神經　自律神經

有念書果然有差！

應該有形成*新的神經網路吧。

天氣太熱，腦袋都快融化了。

神經是由神經纖維聚集而成的吧？

妳真了解啊～

*神經元在出生後幾乎不會進行分裂增殖。藉由神經元樹突或軸突的成長、突觸數量的增加，使智能發展。

這三種神經如右圖，連結在一起。

運動神經、感覺神經會立刻傳遞，自律神經還有中途休息站啊。

我知道我剛剛的行動和神經系統的關係！

腦
脊髓
中樞 神經

往
返

運動神經
感覺神經
中途站
自律神經

骨骼肌
感覺器官
內臟

可是，妳摸到熱茶杯，趕快把手放開，這個過程不是透過這個途徑傳遞，而是走捷徑喔。

咦！不一樣嗎？

我摸到熱茶杯有嚇一跳啊……

哇啊

錯～

晚一點再來解釋「嚇一跳」這回事。

毫不留情

首先，指尖感覺到物體的異常高溫，然後利用感覺神經將刺激傳給脊髓。

1 脊髓

所以覺得燙？

還～沒～

刺激進入脊髓，訊息走捷徑！直接傳遞給運動神經，命令肌肉「收縮」，手就放開。

這稱作反射。

2 肌肉

燙的訊息在這個階段還沒傳遞到腦嗎？

沒錯。

反射只發生在面臨疼痛或燙傷等，對人體有害的刺激。

好厲害～

是危險訊號專用的路線。

接下來，

3 大腦

產生「手挪開」的動作，覺得燙的感覺終於到達大腦。

這時才開始有燙的感覺。

這樣啊～

大腦發出指令要求查看接收刺激的手。

手、臉和眼就會活動,進行看手的動作。

然後,手發紅的狀態從視網膜透過神經,傳遞到大腦視覺區。

原來如此,還有這樣的過程啊。

大腦分析「茶杯的熱度讓手發紅」的結論。

大腦從過去的經驗或訊息,判斷降低熱度的方法,於是透過運動神經發出「吹一吹」的指令給妳的手和嘴。

對照自己的體驗,很有臨場感呢。

對吧!

再繼續……

補充說明

大家都知道神經系統分成中樞神經和周邊神經。腦或脊髓的中樞神經，是傳遞、彙整訊息，判斷下達指令的地方，可說是人體的中央指揮中心。腦部更彙集了我們所有的思考、行動、感情、感覺等訊息。我們來瞧瞧腦的圖像吧。

3. 腦

　　說到腦你可能只會想到大腦，其實還有其他部位。「腦部」是大腦、間腦、中腦、橋腦、延腦、小腦的總稱，而中腦、橋腦、延腦又合稱為腦幹。腦部和脊髓是非常重要的部位，外層包覆著髓膜，懸浮在腦脊髓液中防止撞擊（圖6-1）。

　　人的腦部在進化過程中並非只是膨大，而是隨著功能的發達而變大。位於最內側的腦幹，負責呼吸或循環等動物不可或缺的生命活動；腦幹外側稱作大腦邊緣系統，控制食慾、性慾、喜怒哀樂等本能；在大腦最表層的大腦新皮質，則負責最具人性的高度功能。

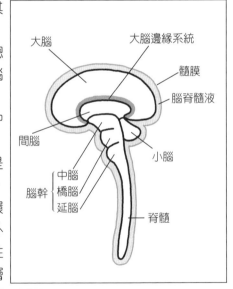

圖 6-1 中樞神經系統

　　大腦可說是人類最重要的部位。煩惱考試不及格或為了補考讀書，都是大腦的功能。學習新技藝，掌握所需的知識及技術，朝著成為護士的目標前進，或是為了患者開發看護技巧、和朋友愉快地享受青春，這些全都是大腦的工作。

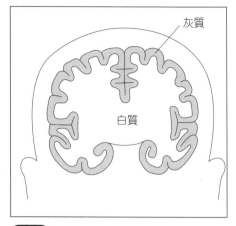

圖 6-2　腦剖面圖

　　大腦表面的灰色部位稱為灰質，由於神經細胞的聚集而看起來灰灰的，連接的內側可看到白白的一層，稱為白質。白質裡面聚集神經纖維。

　　大腦表面充滿皺褶，是為了增加神經細胞的面積，稱為大腦新皮質。大腦新皮質的極度發達，讓人類的智能比其他動物高。

　　大腦皮質分為大腦古皮質、大腦舊皮質、大腦新皮質。古、舊皮質這兩部位形成於遠古時期的生物進化過程。負責食慾、性慾或不舒服等感覺，是和其他動物共通的本能。

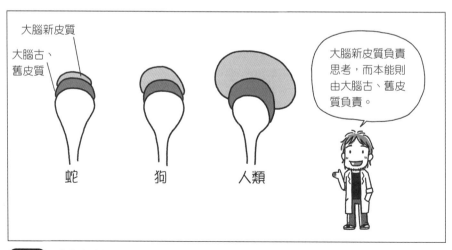

圖 6-3　動物與人類的大腦皮質差異

大腦新皮質的不同區域具有不同功能。看東西、說話、跑步、走路等各種運動，皆有特定的區域在負責，稱作功能區域化（圖6-4），就像不同的專家，使任務執行既有效率又正確。以通販公司為例，這就像公司會配有負責宣傳商品的人、接受電話預約的人、將商品裝箱的人、準備出貨發票的人、運送者，以進行分工合作。而負責某功能的區域稱作「區」。

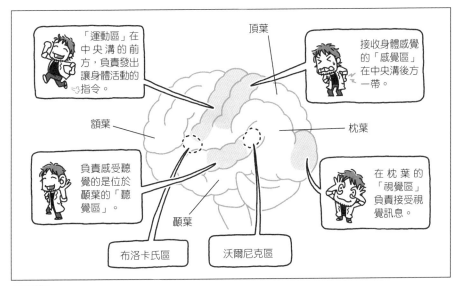

圖6-4　大腦的功能區域化

運動區和感覺區可再分成其他的負責區域，例如靠近腦中央部位負責腳部，靠近側頭部位負責臉或頭部等。

 大腦有負責對話的區域嗎？

 有的。妳想想，當我們說話、使用詞彙，有哪些機能是必要的。

要捕捉「詞彙」可以用閱讀的，也可以將詞彙轉換為聲音用聽的。這兩種方法使用的感覺器官不同，訊息種類也不同，因此功能區域也不一樣。

負責理解詞彙的中心部位稱作沃爾尼克區（Wernicke's area）（圖6-4），又稱為感覺性語言中樞；口、舌、喉嚨等部位協調才能說出詞彙，而負責此功能的是布洛克區（Broca's area）（圖6-4），又稱作運動性語言

中樞，這兩個中樞都位於左大腦。因此，當腦部受損造成「言語」發生問題，受損的位置不同會產生不一樣的症狀，若是布洛克區受損，即使了解詞彙的意義仍無法說出口。

 所以大腦是發出指令、讓身體產生動作的部位，那麼小腦呢？

 小腦是調整動作的專家。

　　小腦會依照大腦發出的運動指令和實際產生的動作，分析是否順利執行命令，發出微調的訊號，所以有一些動作能夠藉反覆練習而變順暢。

 所謂的腦死是指腦部整體死亡的狀態嗎？和植物人有什麼不同呢？

 腦死和植物人是不一樣的情況。腦死指腦部所有功能都喪失的狀態。

　　腦死時無法講話，也無法飲食，甚至無法進行自主性呼吸，最後心臟會停止跳動。植物人則是處於腦幹仍然存活的狀態，因此會呼吸，心臟也會跳動，但是不具意識，呼叫不會有所反應。

　　氧氣不足是腦部的致命傷，呼吸停止或斷絕三至四分鐘的氧氣供應，細胞就會受損。從呼吸停止到施行人工呼吸，若在兩分鐘以內即有 90% 的存活機會；間隔為四分鐘只有 50% 的機會，經過五分鐘才做人工呼吸，只剩 25% 的機會。腦部的重量僅有體重的 2% 左右，但氧氣的消耗量卻佔全身的 20% 呢。

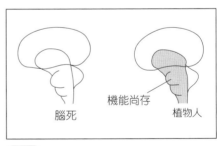

機能尚存

腦死　　　　植物人

圖 6-5 腦死和植物人的差異

▶ Check！

- 間腦位於大腦內側、腦幹上部，由視丘、下視丘、上視丘構成，是自律神經、內分泌系統的中樞。
- 腦部消耗大量氧氣，是因為要獲得能量以進行活動。葡萄糖是腦部的能量來源。
- 身體右側的運動或感覺由大腦左半球管理，而身體左側則由右半球管理。

4. 脊髓

脊髓的主要功能是傳送腦部對周邊神經的指令，將訊息從周邊神經送往腦部等。

　　脊髓始於腦部下方、通過脊椎骨，延伸到腰部附近，粗細約 1 cm 的柱狀體，剖面看起來像個壓扁的圓形。在懷孕的胎生期，脊髓和腦原本是一個中空的管柱。隨著成長，前端（頭部）的細胞會逐漸增加，形成大腦（圖6-6），因此脊髓連接著大腦。

　　神經細胞和神經纖維在脊髓中形成束狀。請回想神經元的形狀（p.118），神經元由神經纖維（樹突和軸突）和細胞體構成。脊髓和腦一樣有許多神經元，分成充滿神經纖維、呈白色的白質部位，以及有許多細胞體、呈灰色的灰質部位。

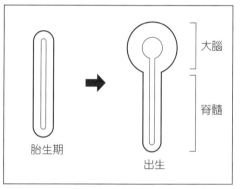

圖 6-6　腦和脊髓原是一根管柱

脊髓的「訊息」從後門進入，而「指令」則從前面大門出來。

脊髓的脊神經延伸，有著神經衝動（nerve impulse）*在「進」與「出」。為了不讓指令和訊息紊亂，分別設置了出口和入口。

腦發給周邊神經的指令，從脊髓「出去」，出口位於脊髓前側（腹部），然後來自感覺等周邊神經的訊息會「進入」脊髓，入口位在脊髓後側（背部）（p. 130 插圖）。

*在神經纖維傳遞的活動電位。

您說「脊髓是腦和周邊神經的轉運站」，為什麼？

這是指神經之間的傳遞啦，以圖 6-7 一起說明會比較清楚。

從腦通往脊髓的神經纖維，將指令交給位在脊髓前側的神經細胞，再由這裡延伸出的脊神經傳給身體末稍神經。周邊神經獲得燙或痛等感覺訊息，神經纖維由脊髓背側將訊息傳遞給灰質的神經細胞，訊息就會送達腦部。

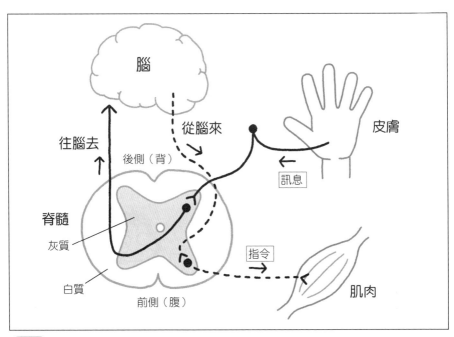

圖 6-7　脊髓的神經傳遞路徑

脊髓白質部位的神經纖維，看似混雜，其實集中了具有相同功能的纖維。脊髓中井然有序地分為傳遞運動指令的「前往」通道，和傳遞知覺的「回歸」通道。這種通道稱作傳遞路徑，具有相同功能的神經纖維會集合在一起。

所有的傳遞路徑都會在中樞神經的某處左右交叉。身體右側受到大腦左半球控制，而左側則由大腦右半球負責。

我剛剛摸到很燙的茶，一下子就縮手的脊髓反射是怎樣的途徑呢？

手的皮膚接收到好燙的訊息，就會走捷徑。

「好燙」的神經衝動送到脊髓，由脊髓後側進入，一般會在此轉換神經，往腦部傳遞訊息，但這時在脊髓中走捷徑（圖6-8），直接向前側的神經傳遞訊息，因此在大腦尚未意識到燙之前，手腕的肌肉會收縮，立刻放開杯子縮回去。

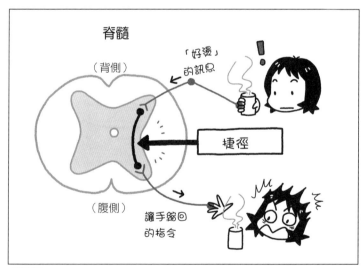

圖 6-8　脊髓反射的路徑

▶ Check！

■ 出生後脊髓隨著脊椎骨的發育伸長，在成人的腰椎以下只有脊髓液，沒有脊髓。

5. 腦神經與脊神經

腦和脊髓屬於中樞神經，連結中樞和四肢的神經是周邊神經。周邊神經可以分成運動神經（傳遞腦發出的運動指令）、感覺神經（將四肢的皮膚感覺、聲音、光線等訊息傳到中樞）、自律神經（控制內臟）等，以解剖學來看，可分為來自腦的腦神經，和來自脊髓的脊髓神經。

　　腦神經有十二對，具不同的編號和名稱。大部分是傳遞運動指令給顏面、舌頭或眼球等的運動神經，還有傳遞臉部或頭部的觸覺、味覺、嗅覺、視覺、聽覺的感覺神經。其中迷走神經較為奇特，從脖子開始往下伸展分枝，控制胸部或腹部的內臟機能，以自律神經（副交感神經）的功能為中心。脊神經從脊椎骨之間（骨與骨的間隙）穿出，共有三十一對。

　　腦神經和脊神經可收集全身的運動與感覺，因此不會只有右手中指沒有感覺的情形，如果是這樣事態就嚴重了。神經系統雖然複雜，卻能毫不混亂地分配到全身，在中樞與四肢間頻繁地交換著大量訊息。

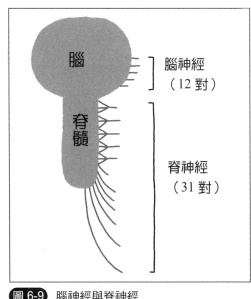

圖 6-9 腦神經與脊神經

▶ Check !

> ▨ 運動神經與感覺神經合稱體神經。
>
> ▨ 脊神經從脊髓伸出，接著和上下的脊神經會合，或形成分支，構成神經叢的網狀結構。

6. 自律神經的功能

自律神經的「自律」是自動的意思。身體的各種功能，其中許多都不受我們的意識控制，負責這件事的就是自律神經。自律神經有興奮、活動的交感神經系統，和鎮靜、放鬆的副交感神經系統。

　　自律神經的功能，可用草食動物和肉食動物之間的關係來說明。草食動物們在草原上吃草，附近沒有敵人，所以很放鬆。處於這個狀態下，副交感神經的作用較強。

副交感神經的作用

　　肉食動物突然出現，草食動物立刻變得很緊張，思考著要逃跑，還是為保衛自己而戰⋯⋯這時就是交感神經發生作用的狀態。

交感神經的作用

交感神經開始作用，就會心跳加速、血壓上升呢。

是啊。因為草食動物可能會被肉食動物襲擊，必需盡全力去逃跑或戰鬥啊。

交感神經作用時，為了運送更多的血液到肌肉，心跳次數會增加，使血壓上升；為了要吸入更多氧氣，氣管會擴張；而肝臟中儲存的肝醣也會被分解，釋出大量葡萄糖到血中。這可不是悠悠哉哉吃東西、從容排泄的時機，所以送往消化系統的血流量減少，消化液的分泌與消化道的運動也降低。

交感神經的過度作用

135

也就是說，肉食動物就是「壓力」囉！

 妳說的沒錯。然而，人類雖然不太會被肉食動物襲擊，但還是會有一些和自己不對盤的東西、人、言語或環境。若交感神經長期過度作用，我們就無法正常生活。

　　自律神經讓人適應環境的變化，是生活必需的神經。交感神經和副交感神經缺一不可，兩者平衡運作是最重要的。

　　自律神經分布在心臟、肝臟、胰臟、內分泌器官（例：腎上腺）、氣管、支氣管、消化道、膀胱、全身動脈等處，幾乎每一處都同時具有交感神經和副交感神經，以進行相反的作用。

副交感神經和交感神經的平衡

 怎麼啦？

 沒有，沒事！

▶ Check !

■ 從交感神經末端釋出的神經傳遞物，是正腎上腺素（Norepinephine），副交感神經末梢釋放的神經傳遞物為乙醯膽鹼（Acetylcholine）。

■ 交感神經興奮，腎上腺髓質就會分泌正腎上腺素。腎上腺髓質受交感神經的控制。

第 **7** 章

感覺器官

人體的各種感覺

真的很棒！

這個花樣好像神經元喔。

神經元？

啊！我想到了。

請妳把眼睛閉起來好嗎？

為什麼？

請照我說的做～

再等一下喔～

摸索

給妳！

這……這是什麼東西？

好、好可愛❤

晚安

這是我剛剛買的烏龜。

你好

涼涼的 硬硬的 很輕

剛剛妳所說的「涼涼的」、「硬硬的」、「很輕」的形容，都是由皮膚的感覺受器接收到的感覺。

皮膚感覺

包括用手摸，或身體某個部位的皮膚去接觸，感受到的感覺，都叫皮膚感覺。

妳想還有哪些皮膚感覺呢？

呃，觸摸的感覺啊？

比如熱熱的、軟軟的、

酥酥的、

凹凸不平的……

全部都是食物啊。

熱熱的

酥酥的

軟軟的

凹凸不平的

還有很多其他種類的例子耶～

皮膚感覺包括感受疼痛的痛覺、感受接觸的觸覺、感受壓迫的壓覺、感受熱度的溫覺、感受冷度的冷覺等等。

這些感覺都由感覺神經末梢的感覺受器接收，再傳送到腦部。

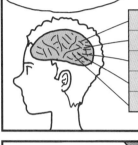
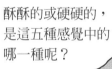

痛覺	疼痛
觸覺	接觸
壓覺	壓迫
溫覺	感受熱度
冷覺	感受冷度

酥酥的或硬硬的，是這五種感覺中的哪一種呢？

是以觸覺為主，混合其他的感覺。

然後用不同的詞彙加以形容。

可是，老師。

我覺得「輕、重」的感覺和疼痛或溫度有些不一樣耶。

妳注意到重點了。

沒錯,輕或重的感覺並不是皮膚感覺。

是嗎?

來,麻煩妳再閉一次眼睛。

又要拿我做實驗啊……

啥

像這樣。

妳現在覺得如何?

我的糖蘋果好像快被老師拿走了。

哈哈哈,我不會拿啦。

妳有感覺手被舉起來嗎?

嗯?

我當然有感覺啊。

那我問妳,妳如何感覺到自己的手腕位置呢?

……啊!

您是問怎麼感受到自己的姿勢吧?

正確答案!

144

*關聯痛位置若離發生疼痛的地方很遠，又稱為放射痛。

2. 感覺與閾值

老師老是取笑人家的反應，真過分。

哪有，我是覺得妳值得我教，反應很合情合理。

的確是能夠讓我容易記住啦。

好痛～

嗯？怎麼了？冰淇淋頭痛還持續嗎？

好痛～

啊，是木屐帶咬腳了。

好痛

很痛吧？

不是很嚴重啦。

不行，如果太勉強，會影響到馬拉松大賽。

失禮了，我看一下。

啊……

謝謝您。

不客氣。

就樣就行了

咦，奇怪？

妳沒喝酒吧？臉怎麼紅紅的？

啊？

哈哈哈

老師，疼痛是皮膚感覺吧！

沒錯。

在皮膚感覺中，疼痛是最敏感的。

不過，身體每個部位的敏感度都不同。

皮膚感覺的敏感程度

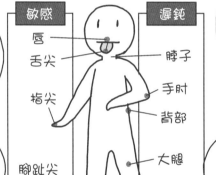

敏感

遲鈍

唇
舌尖
指尖
腳趾尖

脖子
手肘
背部
大腿

指尖、唇、舌尖等有密密麻麻的感覺受器，所以非常敏感。

背部或大腿前方等感覺受器不多，感覺較遲鈍。

的確，指尖和背部的敏感度不同。

指尖要摸東西，是最前端的感測部位，必須很敏感。

哇～

是啊。

147

身體各種感覺都是以察覺危險爲優先而產生的喔。

痛點	壓點	冷點	溫點

證據就是痛點的數量遠超過溫點。

1cm

1cm　痛點的分布

溫點的分布

* 1 cm² 皮膚的痛點超過一百個，但溫點卻寥寥無幾。

能夠感受到疼痛、寒冷等感覺的最小刺激，稱作閾值。

閾值	低	可感受弱刺激（敏感）
	高	可感受強刺激（遲鈍）

閾值低，指可感受到微弱的刺激。

相反地，閾值高表示刺激強烈，才能感受到。

假設逐漸加強某種刺激，

好痛！

強

刺激強度

弱

不痛

不痛

不痛

閾值

感覺到刺激的強度，即是閾值。

閾值以下的刺激強度，無法感受到。

是這樣啊。

另外，還有一點很重要。持續給予超過閾值的刺激，有可能不會出現反應。

不痛

適應

閾值

不痛

這叫作適應。

奇怪？

嗯？

回頭

老師～這裡，過來這裡！

砰

奇怪，兩位助教呢？

啊～可能走散了吧。

哇，今年的煙火很漂亮呢～

啊，妳是第一次看到吧？

砰

火花四射

是啊，實在太漂亮了。

哈哈哈，感覺放鬆多了！

是的！考試和馬拉松，我都會加油。

本體感覺或內臟感覺，稱為一般感覺，視覺、聽覺、平衡感、嗅覺、味覺等感覺，稱為特殊感覺，由眼、耳、鼻等專用的感覺器官接收訊息，除了專屬的器官，其他部位無法感覺。接下來我要詳細解說這些特殊感覺。

3. 視覺──眼球

眼睛的構造類似相機，水晶體好比鏡頭，虹膜負責調焦，視網膜像底片。從眼睛進入的光線，受角膜和水晶體折射，在視網膜形成上下左右相反的成像；視網膜上有視錐和視桿兩種細胞交叉排列，感受到光，會透過視神經將訊息送往大腦；然而這樣並不會「看得見」，大腦需將影像反轉

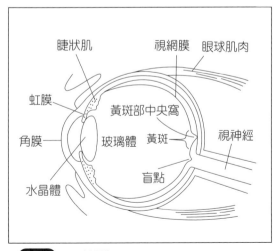

圖 7-1　眼球構造

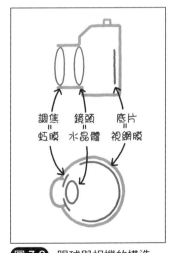

圖 7-2　眼球與相機的構造

150

人和許多動物都有
兩隻眼睛,有什麼
意義嗎?

如果一隻眼睛生病戴上眼罩,會抓
不準深淺或距離感。兩隻眼睛位於
臉部兩側,偵測到的影像有少許的
差異,經由腦部分析,會使物體看
起來具有立體感。

成正確的方向,對比記憶確認影像,以判斷眼前到底發生什麼事,最後才
可說「看見」。

　　進入左右眼睛的光線訊息,會經由各種不同的途徑到達大腦視覺區。
在視網膜外半側的影像會原原本本送到同一側的視覺區;但是在視網膜內
半側的影像卻會交叉送往另一側的視覺區。這個交叉的部分稱為視交叉(圖
7-3)。也就是說,在眼睛前方的物體,右側影像會送到大腦左半球,而左
側影像會被送到大腦右半球。大腦將兩側的影像統合,我們就「看到了」。

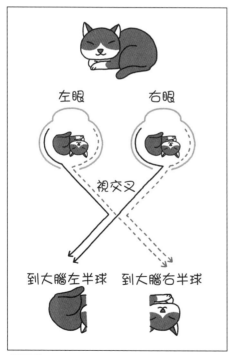

大腦統合影
像,使我們
看見。

圖 7-3 視交叉

近視是因為水晶體的厚度改變，無法順利聚焦吧。

這是其中一個因素，但實際上，較多情況是因為眼球長度變長。

　　近視、遠視，主要都是指眼球本身的長度發生變化，而讓視網膜無法聚焦，產生鮮明的影像。近視是眼球變大，從水晶體到視網膜的距離變長，難以看清楚遠處事物；相反地，遠視則因眼球變小，所以到水晶體的距離變短，看不清楚近處的事物。若眼角膜縱向與橫向的折射率有所不同，會產生亂視。另外，因為老化等緣故讓水晶體不能伸縮，就是老花眼。

我們如何辨別顏色呢？

那是視網膜上視錐細胞和視桿細胞的功能。

　　視錐細胞是可辨別顏色的細胞，有三種，分別能感應光的三原色——紅、綠、藍。視桿細胞則是能辨別明暗的細胞。在視網膜中央稱作黃斑部中心窩的地方，是通過水晶體的光直接連結影像之處，排列著許多視錐細胞，視桿細胞則多在外圍。如果環境變暗，視錐細胞就不太能分辨顏色，這就是在暗處不容易看清紅、黃等色的原因。

▶ Check！

- 看東西時，除了臉會轉向，眼球也會轉動。眼球周圍共有六條肌肉（外眼肌），使眼球能上下、左右、斜向活動。
- 瞳孔（虹膜的洞口）在明亮處會變小，在暗處會變大，受到自律神經的控制，左右變化一致。

Column　視力

　　視力1.0或0.2，這些數字是表示在靜止狀態下，兩個點之間的距離要多遠才可分辨兩個點。我們利用很像字母C，稱為蘭氏環（Landolt ring）的記號，從固定距離，調查眼睛能分辨蘭氏環的開口距離。

　　視力不只是能夠區分兩點，還必須要能分辨明暗、顏色，辨識距離，甚至要能辨識活動的物體，視野的寬廣也很重要。

4. 聽覺・平衡感覺——耳

耳朵的功能為感受聲音和平衡感。耳朵的構造包含臉頰兩側的耳部（耳廓），形成耳穴的外耳，位於鼓膜之後具有三小聽骨的中耳，藏於頭蓋骨內的內耳。耳部是用來感受外界聲音的裝置，感受身體平衡感的裝置是內耳。

　　聲音來自於空氣的波動，耳朵是會將波動轉換為神經衝動的裝置。耳廓是集音器，耳穴是傳導筒，而位於深處的鼓膜則會因聲音的波動而振動，聲音波動被中耳的三小聽骨放大，傳到內耳。內耳有著形狀像蝸牛的耳蝸，裡面充滿淋巴液，液體產生波動，耳蝸中整齊排列的細胞就會捕捉不同波長的波動，轉換為神經衝動。

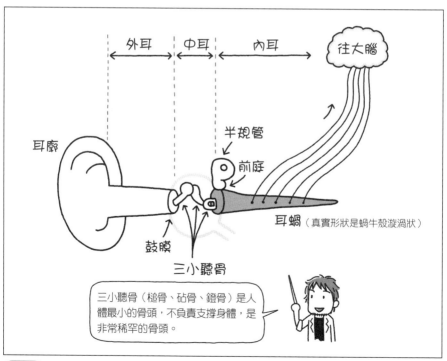

外耳　中耳　內耳　往大腦

半規管

前庭

耳廓

耳蝸（真實形狀是蝸牛殼漩渦狀）

鼓膜

三小聽骨

三小聽骨（槌骨、砧骨、鐙骨）是人體最小的骨頭，不負責支撐身體，是非常稀罕的骨頭。

圖 7-4　耳部構造

153

外耳與中耳的功能是傳達聲音，稱為傳音系統。如果此處有任何異常而導致失聰，稱為傳音性聽力障礙，例如外耳閉塞造成鼓膜破裂、三小聽骨無法活動等情形。

內耳具有感受聲音的功能，稱為感音系統。若傳遞訊息給內耳或大腦的神經產生異常，無法辨識聲音，稱為感音性聽力障礙。

若是傳音性聽力障礙，可利用骨傳導的方法傳遞聲音。只要聲音的振動能到達內耳，就能感受聲音，因此可利用聲波振動頭蓋骨的方式。最近市面上已有利用這項技術所製的耳機。

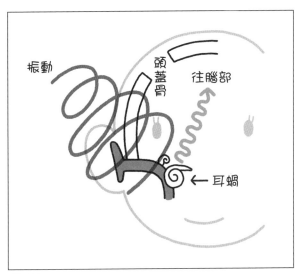

圖 7-5 骨傳導的傳遞聲音機制

平衡感來自半規管。

是的，不過不只是半規管喔。內耳能偵測到旋轉運動和頭部傾斜這兩種感覺。其中感受旋轉運動的是半規管，感受頭部傾斜的是半規管下方的前庭。

半規管由三個互成直角的環構成。三環基部的淋巴液中有果凍般的圓形裝置。當身體旋轉，半規管中的淋巴液會隨著慣性流動，使圓形果凍狀物質振動，所以身體的活動就會被位於果凍裝置底部的神經細胞偵測到。

再來看前庭。圓形果凍狀物上面有一些看起來像小石頭般的附著物，當彎腰鞠躬或脖子歪斜、腦袋傾斜時，圓形果凍狀物會因石頭的重量產生動作，因此神經細胞可感受動作的產生。

半規管是感受旋轉運動的裝置

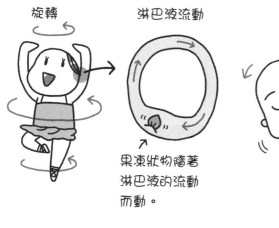

旋轉

淋巴液流動

果凍狀物隨著
淋巴液的流動
而動。

前庭是感受頭部傾斜的裝置

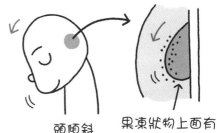

頭傾斜

果凍狀物上面有
小石頭般的附著
物，頭部傾斜會
使果凍狀物產生
動作。

▶ **Check !**

> ▨ 耳朵和眼睛都位在臉的左右側，能判斷聲音是來自身體的哪一側。
>
> ▨ 中耳有耳管和鼻腔相通，使中耳內保持著和大氣壓相同的氣壓。乘坐飛機或進行跳水等活動，讓氣壓產生變化而耳鳴，可拔掉耳塞保持耳管暢通，使中耳的氣壓和外界相同，耳鳴就會停止。

5. 嗅覺──鼻

嗅覺由鼻腔的上皮細胞感受，嗅細胞位於鼻腔上方，範圍大約是指尖的大小，若有氣味粒子進入鼻腔，就會將這個訊息傳送到腦部。下面我們就來介紹關於嗅覺的有趣特徵吧。

　　嗅細胞感受到的嗅覺訊息，會進到鼻腔頂部，經過頭蓋骨的大腦邊緣系統（第 6 章 p.126）。大腦邊緣系統是負責食慾或性慾等本能慾望，以及行動力、舒不舒服等情緒活動的部位，所以嗅覺可說是和情緒直接相關。

　　各位應該有過聞到香味就覺得心情很好，頭腦清晰，讀起書來很輕鬆的經驗吧。

嗅細胞感受到的訊息，立即傳到大腦邊緣系統

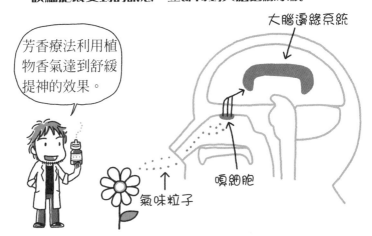

芳香療法利用植物香氣達到舒緩提神的效果。

大腦邊緣系統

嗅細胞

氣味粒子

有些醫院會利用芳香療法照護患者耶。

是啊。芳香療法透過植物香氣達到放鬆或提神的效果，我認為對患者的情緒轉換很有效。

　　嗅覺另一個有趣特徵是與記憶的關係。聞到某種氣味的瞬間，會鮮明地回憶起往事、場景或那時的情緒，因為嗅覺訊息進入的大腦邊緣系統和記憶有著密切的關係。

令人回憶起往事的氣味……

　　若因感冒或花粉症而鼻塞，無法嚐到食物的味道，我們通常認為這裡所指的「味道」是味覺，其實主要是指「氣味」。雖然味覺是舌頭所感受，不過如果沒有嗅覺，我們將無法體會料理的「美味」。

能夠品嚐美食，要感謝嗅覺

<hr>

Check！

- 人類的嗅覺比不上狗，狗能聞到極淡的氣味並加以分辨。據說人類的嗅覺可分辨一萬種物質。
- 嗅覺非常容易適應環境，相同氣味聞久了就會習慣，暫時沒有反應，但還是能感受其他氣味，如果換個環境，或是加強同一種氣味，即會再度感受到原本暫時沒反應的氣味。

6. 味覺──舌

　　味覺有鹹味、甜味、苦味、酸味四種。舌尖主要是甜味，舌根是苦味，感受味覺的主要部位在舌頭表面的味蕾。

　　味蕾長得像囊狀，囊中有偵測味道的味細胞。鹽或糖等味道成分和唾液混合，在口中擴散，味蕾會偵測到味道，將訊息送往腦部。

　　味蕾只是個小小的裝置，所以沒辦法偵測到大分子物質。米飯或麵包雖然是醣類，因為分子很大，若不分解不太能感覺到甜味。但經過咀嚼，唾液中的澱粉酶（amylase）會把澱粉分解成小分子醣類，就能感覺到甜味。

圖 7-6 味蕾的構造

 味蕾在舌頭的哪裡啊？

 照鏡子可以看到舌頭上有一粒一粒的，那些顆粒稱作乳突，味蕾大多位於乳突。但除了舌頭，嘴巴或喉嚨的黏膜上也有味蕾。

▶ Check！

- 在舌頭表面，除了絲狀乳突以外，所有的乳突都有味蕾，口腔內或喉嚨黏膜上也有味蕾。
- 食物太冰，味覺會變遲鈍，所以冰涼的食物味道要比較重，才能感覺味道。

158

第 8 章

運動器官

肌肉收縮的能量來自 ATP

1. 肌肉收縮與能量

啊，大家早安！

你們一起來做研究啊～

不是那樣，要從生理學的角度來說明！

我們把肌肉纖維放大來看吧。

這個束狀肌纖維是骨骼肌*。

妳看，這裡看得到橫條紋，這個就叫作橫紋。

肌肉纖維

骨骼肌

細胞核

橫紋

* 肌肉除了骨骼肌，還有平滑肌、心肌。

骨骼肌	位於手腕或腳部等骨骼上的肌肉，可受意識控制，因此稱為隨意肌。
平滑肌	位於內臟或血管等部位的肌肉，無法受意識控制，因此稱為不隨意肌。
心　肌	構成心臟的肌肉，與意識無關，進行規律性收縮、舒張。

將橫紋部分放大來看，觀察到中央排列的肌纖維，以及兩側類似梳子的肌纖維。

收縮

變短

能量

兩側產生能量，往中間滑動，使肌肉收縮。

很像洗撲克牌。

的確很像。

我想請問，肌肉收縮的能量是如何獲得的呢？

我知道！

那是分解 ATP 所產生的能量。

對！就是糖解系統和檸檬酸循環作用（第 3 章 p. 70）所產生的能量。

由糖解系統和檸檬酸循環作用所產生的能量就是 ATP（三磷酸腺苷，adenosine triphosphate）。

肌肉利用 ATP 的能量進行收縮。

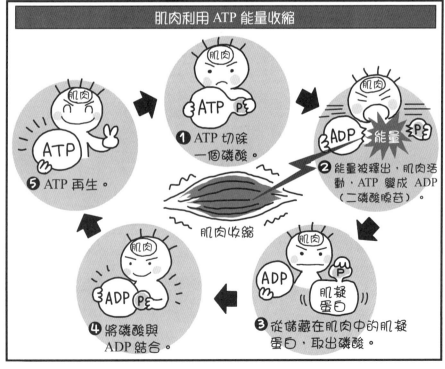

肌肉利用 ATP 能量收縮

❺ ATP 再生。

❶ ATP 切除一個磷酸。

❷ 能量被釋出，肌肉活動，ATP 變成 ADP（二磷酸腺苷）。

肌肉收縮

❹ 將磷酸與 ADP 結合。

❸ 從儲藏在肌肉中的肌凝蛋白，取出磷酸。

妳經常拿食材來做比喻啊。

紅肉魚中含有大量可接收、儲藏氧氣，稱作肌紅蛋白*（myoglobin）的物質，肌紅蛋白是紅色的，所以肉也是紅色。

如檸檬酸循環（第3章 p.71），可大量消耗氧氣，獲得更多的能量。

紅肉魚

白肉魚

- 鮪魚等迴游魚類

- 肌紅蛋白多

- 鯛魚等白肉魚

- 肌紅蛋白少

*肌肉細胞中含鐵的色素蛋白。

人類有什麼不同嗎？

哈哈哈，人類的每段肌肉都是紅肌纖維和白肌纖維的混合組成。

但哪一種含量較多則有個人差異。

你的助理們該不會是白肉吧？

跑不動了啦！

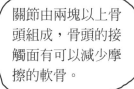

關節由兩塊以上骨頭組成，骨頭的接觸面有可以減少摩擦的軟骨。

關節由關節囊的袋狀物包覆，裡面有潤滑液。

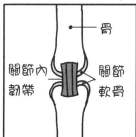

骨

關節內韌帶

關節軟骨

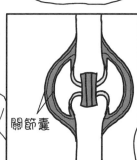

關節囊

竟然繼續授課。

外側或內側的韌帶補強關節，還有像脊椎椎間盤的緩衝墊。

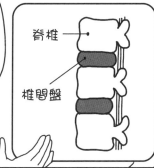

脊椎

椎間盤

有緩衝墊的位置，不容易產生較大的動作。

我覺得好像沒有那麼痛了。

現在沒有好好處理，以後會很糟喔。

166

另外，讓關節「彎曲」、「伸展」的肌肉，各自位於關節的相對側。

哎呀

關節

讓手肘彎曲的肌肉位在手肘前側；使手肘伸展的肌肉則位在手肘的後側。

它們分別叫作屈肌和伸肌。

拮抗肌

屈肌

伸肌

哇～

像這樣成對交互收縮的肌肉，互為拮抗肌。

膝蓋也是屈肌和伸肌～

伸肌

彎

屈肌

返回原位～

伸

合在一起就是拮抗肌～

補充說明

骨骼肌具有產生熱能的重要工作。運動時身體變熱，是骨骼肌收縮所產生的熱能；覺得冷，身體會發抖，是為了讓肌肉收縮產生熱能。我們來討論體溫的產生與散熱吧。

　　人類依靠氧氣和從食物中攝取的能量生存。食物的能量在體內燃燒，產生熱能，再發散到體外。睡覺或在書桌前準備考試的時候熱能會產生並散發；跑步或運動時散發更多的熱能。

人體源源不絕地產生並散發熱能

睡覺時　　　　　坐著時　　　　　運動時

散發熱能的大小：睡覺時＜坐著時＜運動時

3. 骨骼肌的熱能產生與體溫調節

　　人體產熱最多的是骨骼肌，但並不只有骨骼肌會產生熱能，細胞活動多少都會產生熱能，例如：心臟、消化道活動，或是腦、肝臟運作等。吃完飯後會覺得溫暖，除了是因為吃下溫熱的食物，消化道的活動也是其中一個原因。人類是恆溫動物，體溫太低即無法存活，必須靠骨骼肌等部位產生熱能，並經由血液運送到全身來保持體溫。

寒冷時會發抖，是因為要收縮肌肉，產生熱能

 熱度太高不行吧！人體用「汗」來散熱。

 是啊。體溫必須保持在 36～37 度。因為體內持續產生熱能，要慢慢地將熱能散出去，保持恆溫。

　　散發熱能的方法有：從皮膚自然散逸，經由呼吸發散，藉由流汗發散等。激烈運動會產生比平常更多熱能，此時人體會大量出汗來降溫。

　　天氣很熱，身體會變紅，是因為皮下血管擴張，增加皮膚的散熱量；出汗是藉由氣化熱讓身體降溫，大量出汗會流失許多水分，所以天氣熱要記得攝取充足的水分。

人體散熱的方式

皮下血管擴張，增加皮膚散熱量。

呼吸散熱。

汗水蒸發會帶走氣化熱，使身體降溫。

 妳知道為什麼溫度計只到四十二度嗎？

 呃，我不知道是什麼原因耶……

　　體溫超過四十二度，體內蛋白質會開始變質，無法維持生命，因此溫度計沒有必要超過四十二度。雖然近來電子溫度計較為普遍，但電子溫度計會在超過四十二度時出現「$H^\circ C$」的錯誤訊息。

▶ Check！

◧ 調節體溫的命令來自於下視丘的體溫中樞。
◧ 頸部、腋窩、鼠蹊部等，有接近體表的粗動脈（頸動脈、腋窩動脈、大腿動脈），因此可在寒冷時加強這些部位的保暖，天氣熱時使這些部位降溫，可有效維持恆溫。

4.　骨骼的功能與骨代謝

人體約有兩百塊骨骼，主要功能是支撐人體。如果沒有骨頭，人體就會扁塌，無法動彈。但骨骼的功能不止於此，骨是鈣的儲藏庫，骨頭中的骨髓會製造血球。

骨骼必須很強健，越輕越好，所以大腿長骨中間如管子般呈中空狀；長骨兩端或脊椎骨中間則是海綿的網狀結構（海綿組織）。因為骨骼的鈣附著於膠原纖維上，並非硬梆梆，而是具有彈性，因此能承受強烈外力。

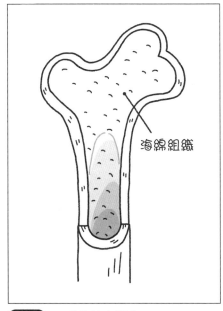

海綿組織

圖 8-1　骨骼的基本構造

骨骼是不是時時在代謝啊？

是的。許多人都認為長大成人後，骨骼不會再變化，但其實並非如此。骨骼時常微量地溶化（骨吸收），然後形成新骨骼（骨生成）。大約每隔兩年全身骨骼都會換新一次。

骨骼裡面有蝕骨細胞和造骨細胞。蝕骨細胞會逐漸地分解、破壞骨骼組織，隨後造骨細胞，進行骨骼再生。這樣的骨骼再生過程，稱為骨代謝，兩者保持平衡就能維持骨骼強度。蝕骨細胞並不只是個破壞性的壞角色，還負責溶解骨頭，取出鈣，保持血鈣濃度。

造骨細胞
（製造骨頭
的細胞）

蝕骨細胞
（分解骨頭的細胞）

圖 8-2 蝕骨細胞與造骨細胞的作用

▰▰▰▶ **Check !**

▨ 人體內 99%的鈣質都儲存於骨骼。
▨ 骨代謝和雌激素關係密切，女性停經後，雌激素分泌量減少，容易罹患骨質疏鬆症。

Column　**骨與骨髓**

　　人類的骨骼大致分為兩種，一種是扁平骨，例如：骨盆或胸骨；另一種是長骨，例如：手骨與腳骨。骨骼中有骨髓，負責製造紅血球、白血球、血小板等血球。扁平骨的骨髓製造許多血球，但長骨則不太製造血球，不同形狀的骨骼具有不同的骨髓功能。

第 **9** 章　細胞與基因、生殖

基因裡寫著
蛋白質的訊息

1. 細胞的基本構造與功能

嚇一跳吧。

是、是啊⋯⋯

第一次和她說話耶。

因爲是理少爺的第一次授課，所以他們來捧場啦。

又來了，又是少爺？

妳看

恆常醫學大學
開放式課程
新設立運動健康學系
8月3日

還有知名運動員的對談時間喔！

欸，運動員？

那位是摔角選手佐藤！

這位是游泳選手水島啊！

安靜⋯⋯

噓

細胞是人體生命活動的最小單位。

我們的身體由大約六十兆個細胞所組成。

功能是攝取營養，進行消化，轉換能量，透過細胞分裂（p. 186）增殖新細胞來維持身體功能。

細胞

噢，今天講解細胞啊。

細胞的構造包含細胞核、細胞質、細胞膜等。

核糖體（ribosome）

高基氏體（Golgi body）

細胞核外面還有許多小胞器。

細胞膜是裝有細胞內物質的袋狀物；細胞質指的是細胞核和胞器以外的細胞內液。

粒線體（mitochondria）

細胞核

細胞核是遺傳訊息的儲藏庫。

細胞膜

細胞質

好像太深奧了喔～

把一個細胞想像成汽車工廠吧。

汽車工廠

細胞核就像資料庫，保管汽車工廠所有車種的設計圖。

小客車

廂型車

小貨車

從設計圖資料庫，複製需要的設計圖，按照設計圖組裝汽車。

所有車種的設計圖

資料庫

小客車設計圖影印本　廂型車設計圖影印本　小貨車設計圖影印本

發電機

組裝　組裝　組裝

小客車　廂型車　小貨車

材料

這樣比喻比較好懂！

RNA（核醣核酸）複製細胞核中一部分的DNA（去氧核醣核酸），然後合成蛋白質。

粒線體供應ATP（第3章 p.70），給核糖體能量。

細胞核（DNA）

RNA　RNA　RNA（影本）

核糖體　核糖體　核糖體

粒線體

呼吸

蛋白質

蛋白質　蛋白質

營養及氧氣

每個人都擁有像這樣的細胞基本構造，不論是今天蒞臨的佐藤選手、水島選手，或在場的各位都是一樣的。

其實我啊，常常被說是個單細胞生物……

哄堂大笑

幸好我的身體持續進行細胞分裂，才能平安長到這個歲數呢。

說的也是。

哈哈哈

人體一生會重複進行*老舊細胞死亡，產生新細胞的新陳代謝。

*神經細胞在人們出生後幾乎不分裂增殖。

細胞分裂是維持生命不可或缺的過程。

請教一下，

佐藤選手或水島選手和老師有什麼關係嗎？

悄聲

那兩位是理少爺父親的學生。

交頭接耳

少爺從小就和著名的選手們來往，就像家人一樣。

喔……全家都是學者啊。

179

接下來，繼續講解細胞構造。

打開筆蓋

細胞的形狀或功能依組織或臟器而有所不同。

細胞聚集而成的團塊稱為組織，全身的組織可以分為四種。

細胞

皮膜組織

皮膚、消化器官、呼吸器官、泌尿器官、內分泌腺等。
多位於表皮，負責保護、分泌等。

結締組織

負責支撐組織或填補骨頭、軟骨、組織間的空隙。

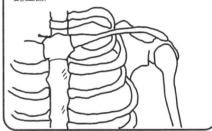

肌肉組織

包含骨骼肌、心肌、平滑肌。

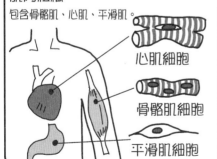

心肌細胞

骨骼肌細胞

平滑肌細胞

神經組織

由神經元和負責營養與支持的神經膠細胞組成。

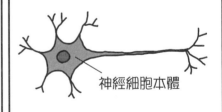

神經細胞本體

細胞集合成組織，組織集合成器官。

最後器官集合就形成人體。

原來是這樣啊～

2. 基因與 DNA

我想各位應該常聽到
DNA 這個詞吧！

DNA

人類的設計圖就寫在
DNA（去氧核醣核酸）
裡，藏在細胞核中。

設計圖裡全部都是
蛋白質的設計。

人類的身體和
功能全由蛋白
質負責。

舉例來說，酵素或
抗體也是蛋白質。

蛋白質是由胺基
酸鏈形成的。

根據不同的胺基
酸，按照不同的順
序排列，形成酵素
或抗體。

我有問題。

形 成 酵 素 蛋 白 質 長 鏈

形 成 抗 體 的 蛋 白 質 長 鏈

181

DNA 和基因不一樣嗎？

那個……我也想知道……

緊張

來賓變成學生啦。

好像很難懂呢。

首先，DNA 是遺傳物質的名稱，

而基因是指遺傳訊息。

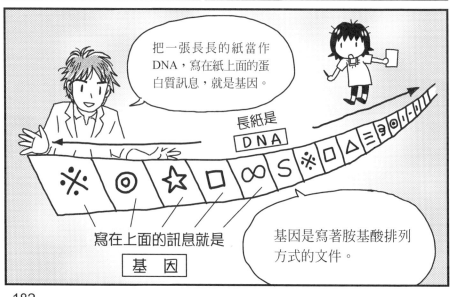

把一張長長的紙當作 DNA，寫在紙上面的蛋白質訊息，就是基因。

長紙是
DNA

寫在上面的訊息就是
基 因

基因是寫著胺基酸排列方式的文件。

是的。

如果一開始就知道結果，相信沒有人會努力吧！

沒錯。

還是要靠日常的學習累積。

嗯？

我好像都把記性不好怪罪給遺傳吧……

我記性不好是遺傳到媽媽啦！

不要推到父母身上喔！

下學期開始上課的運動健康學系公開講座，進行到此為止。

拍手

拍手

拍手

原來老師是校長的兒子啊……

會教書是遺傳的緣故吧？

拍手

拍手

185

補充說明

「遺傳」是指特徵從細胞傳遞到細胞，或者是從父母延續給子女的現象。細胞核保管著基因，細胞分裂與基因的傳遞關係密切。在此要介紹細胞分裂。

3. 細胞分裂

　　人體的細胞有的像神經細胞，從出生以來幾乎不增生，不過大部分的細胞都會老化死亡，產生新細胞。新細胞就是透過細胞分裂形成的。皮膚細胞源源不絕再生，骨骼能在不知不覺中一次次重新建構，都是因為細胞分裂。

　　請回想細胞的構造（p.177）。細胞核中的DNA就像一條寫了基因訊息的長條紙，通常從細胞核的外觀無法看見DNA的模樣，除非細胞分裂，DNA以染色體的形態出現。

　　細胞分裂時，染色體會增加為兩倍，細胞兩端被絲狀物往外拉*，使中間變細，再分成兩個細胞。

*染色體被絲狀物拉動，稱為有絲分裂。

哇——細胞分裂時會出現染色體啊。

平常 DNA 就像一團毛線球，只有在細胞分裂時才會以染色體形態出現。人類有二十三對、四十六條染色體。其中二十二對四十四條為體染色體，另一對二條為性染色體。男性的性染色體為 XY，女性則為 XX。

　　細胞分裂時，DNA 會變成棒狀的染色體，複製成兩倍，染色體形成「X」字母的樣子，表示中間細腰處的上下各有兩倍的複製體。接著這些染色體會整齊排列在細胞中央，「X」字母從中間被切開，往左右兩側拉開。最後細胞分割，原來一個細胞成功複製，變成兩個細胞。

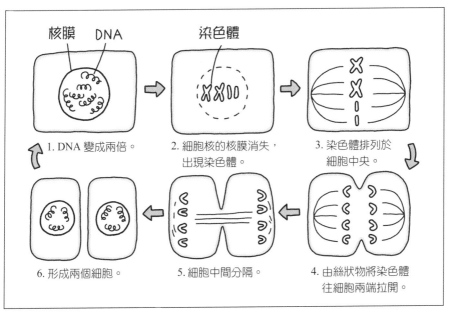

核膜　DNA　　　　　　染色體

1. DNA 變成兩倍。

2. 細胞核的核膜消失，
　 出現染色體。

3. 染色體排列於
　 細胞中央。

6. 形成兩個細胞。

5. 細胞中間分隔。

4. 由絲狀物將染色體
　 往細胞兩端拉開。

圖 9-1　細胞分裂示意圖

 只有生殖細胞會進行特殊的
細胞分裂喔。

 您是指卵子或精子吧。

　　沒錯，通常細胞分裂所形成的細胞，染色體數量會與原本的細胞相同，
但生殖細胞分裂之後，染色體數量會變成一半*。

*這種染色體數量變成一半的細胞分裂，稱為減數分裂。

Check !

- 不同的生物種類，染色體數量不同。人類的染色體是四十六條。
- 細胞有「分裂期」和未進行分裂的「間期」，反覆循環的過程稱作「細胞週
  期」。
- 由於傳承母親或父親的染色體，在減數分裂時會進行 DNA 交換，所以孩子的
  染色體有一部分與父母的染色體不太一樣。
- 精子的性染色體是 X 或 Y，卵子的性染色體只有 X。當具有 X 染色體的精子
  受精，會生下女孩；若是具有 Y 染色體的精子受精，則會生下男孩。

4. 生殖

　　細菌或藻類等單細胞生物，是單純地一分為二來繁衍子代，因此和父母具有完全相同的基因，稱為無性生殖；以人類為代表的多細胞生物和單細胞生物不同，會產生和父母有些許差異的子代，稱為有性生殖。人體的細胞大致上可分為生殖細胞與非生殖細胞兩種。生殖細胞極為少數，可是若沒有生殖細胞，我們絕對無法出生。這種偉大的細胞就是精子與卵子。

　　精子和卵子的結合體是受精卵，受精發生於女性的輸卵管。男性睪丸所產生的精子，進入女性陰道，精子從陰道游到輸卵管漏斗部，將展開一場激烈的競爭。

　　卵子在卵巢的濾泡（卵泡）中成熟，受到激素作用（第 10 章 p.209）排卵，進入輸卵管，等候與精子的邂逅。

 卵巢製造的卵子，如何進入輸卵管呢？

 我簡單說明卵巢的作用。

　　卵巢裡面有卵細胞，卵細胞在濾泡中成熟。當濾泡終於成熟破裂，卵子就會被排到輸卵管，稱為排卵。接著，卵子被輸卵管前端狀似手的「輸卵管漏斗部」引導，進入輸卵管，等候精子的到來，而排卵後的濾泡則形成黃體（第 10 章 p.209）。

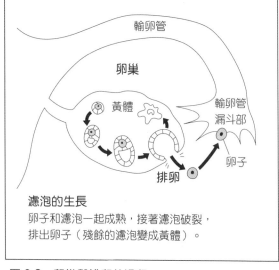

濾泡的生長
卵子和濾泡一起成熟，接著濾泡破裂，排出卵子（殘餘的濾泡變成黃體）。

圖 9-2　卵巢與排卵的過程

卵子和可以受精的精子都只有一個，競爭率是多少呢？

 一次射精的精子數量約有上億個。

　　大部分精子在途中會因精疲力竭或迷路而脫隊，能進到輸卵管的只有幾萬隻，能平安找到卵子的精子只有一百隻，最後能與卵子順利結合的只有一隻，是最強壯的精子。

四格漫畫　受精馬拉松生死鬥

①大量精子衝進來。

②在子宮裡奮力奔馳，途中有些精子會迷路亂竄或力盡身亡。

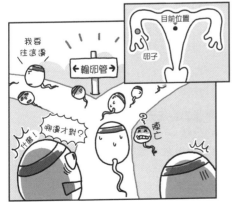

③在輸卵管入口決定要往左或往右，繼續衝刺。

④只有極少數的精子能抵達卵子所在的輸卵管，找到卵子。

受精之後，受精卵一邊進行細胞分裂，一邊往子宮前進，但受精卵本身並沒有游動的力量，而是靠輸卵管內側的絨毛將受精卵送往子宮。受精卵進入子宮，在子宮內膜著床，母體即懷孕。

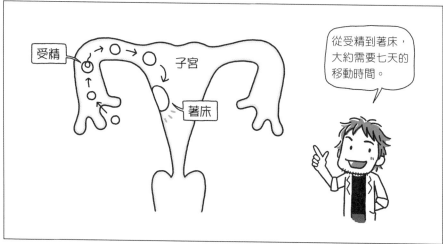

圖 9-3　從受精到著床

 受精卵在移動到子宮的這段期間，會進行細胞分裂喔。

 正是如此，卵子受精就會開始進行細胞分裂，等到在子宮內著床時，已經開始進行細胞分化。

▶ Check !

- 卵子的壽命為半天至一天，精子的壽命則是二至三天。
- 精子以尾巴游動，在輸卵管與卵子相遇、受精。
- 懷孕期要從最後的月經來潮日算起，為期四十週，實際天數則為九個月又七天。

第10章 內分泌系統

藉由血液循環運送到全身

1. 內分泌

喧鬧

吵雜

請幫我簽名～

公開授課很成功呢！

一流運動員的氣勢果然和一般人不一樣啊～

對啊！

明天就是補考和馬拉松賽的日子！

可以嗎？

接下來講解內分泌的功能。

內分泌系統負責意識不能控制的工作。

使身體能適應環境，正常發揮各種功能。

和自律神經有點像耶。

差別在於自律神經是透過神經發出指令，而內分泌系統則透過激素。

傳遞速度也不同。

內分泌腺分泌激素，進入血液運輸到身體各處。

啊！是這樣啊……

自律神經和內分泌系統的傳遞方式不一樣呢！

沒錯。

內分泌系統的指示很緩慢，因此負責日常調整，而自律神經則負責瞬間發生的變化。

比方說……車站的指標就像內分泌系統，

而緊急狀況的通報電話則像自律神經。

 內分泌系統

 自律神經

將訊息傳遞到各處，速度緩慢。

一對一傳遞訊息，很快速。

可是激素不是只對特定的臟器或器官作用嗎？

嗯

我想想～那個叫什麼啊？

唉，差一點妳就全部都想起來了……可惜。

激素對作用的目標，也就是「目標器官」進行作用。

由於器官上有讓激素作用，像鑰匙孔般的物質。

如果這個鑰匙孔與激素的鑰匙吻合，可產生作用，如果不吻合則無法作用。

血管

目標器官

鑰匙吻合！

命令

原來。

雖然命令傳送給所有細胞，但卻只有特定的細胞能接收命令。

命令

鑰匙吻合！

目標器官

以血中濃度來計算激素的分泌量，大多非常微量，只有幾 ng*/ml 左右。

微量竟能如此作用～

常聽到「內分泌失調」，因此微量的激素一旦發生微小變化……

沒錯，女性可能月經失調或造成更年期障礙。

*即 Pnanogram，1 ng 是 1 milligram 的十億分之一。

內分泌系統還有一項很重要的功能。

那就是負回饋機制（Negative feedback）！

我知道！

這是指血中的某種激素增加，就會有某種激素降低！

也就是調節激素分泌！

有點類似啦……

那就用甲狀腺素為例吧。

下視丘（p.200）、腦下腺偵測到血中的甲狀腺素濃度降低，就會使促進分泌激素分泌。

促進分泌激素一旦大量分泌，甲狀腺素就會增加。

快增加！

上游激素

上游 ➜ 下游

下視丘激素 ➜ 腦下腺激素 ➜ 甲狀腺素

上游激素增加，下游激素也會增加。

透過指示，就會分泌甲狀腺素。

正確～

當下視丘或腦下腺偵測到血中的甲狀腺素濃度變高，會減少促進分泌激素的分泌。

如此一來，甲狀腺素的分泌量會減少。

來自腦下腺

上游

來自甲狀腺

下游

來自下視丘或腦下腺的促進分泌激素稱作上游激素；而來自甲狀腺的甲狀腺素則叫作下游激素。

因此，負回饋就是下游激素控制上游激素，使分泌量減少。

減少吧！

下游激素

上游 ⬅ 下游

下視丘激素 ⬅ 腦下腺激素 ⬅ 甲狀腺素

負回饋

負回饋是「相反」、「負向」的意思。

這麼說來，上游激素和下游激素就是彼此的油門與剎車囉。

油門

剎車

就是這樣！

不過，激素還有一個特徵，也就是同一個作用可能由許多不同的激素所引發。

為什麼來參加祭典呢？

想受歡迎！

為了推廣地方特色！

血糖值

昇糖素

腎上腺素

葡萄糖皮質醇

為了紓解壓力！

舉例來說，提高血糖值的激素至少有昇糖素、腎上腺素、葡萄糖皮質醇（p.206）等數種。

作用很類似的激素，提高血糖值的方法卻不一樣*。

*例如腎上腺素，與血中葡萄糖濃度無關，而是興奮或有強烈壓力時就會分泌。

產生相同效果，但目的或方式不一樣。

這就像硬背拿到及格分數，和上老師的課拿到及格分數的差別。

點頭

臉部變形

!?

啊啊————

猛然坐起

糟糕！

睡過頭了啦！

了解內分泌大致的作用之後，我們就一個一個來看分泌系統的主要器官吧。本章後面彙整內分泌器官所分泌的激素名稱與作用。讀完一遍，請再次做確認。

2. 下視丘與腦下腺

首先來看下視丘和腦下腺。這兩者可說是內分泌系統的司令部，尤其是腦下腺前葉更是指揮中心。位在腦下腺上方的下視丘，是自律神經中樞，也和分泌激素的內分泌系統有關。所分泌的激素，會刺激其他的內分泌器官，促進激素分泌。

下視丘和腦下腺是內分泌系統的司令部

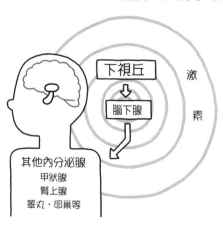

下視丘
↓
腦下腺

激素

其他內分泌腺
甲狀腺
腎上腺
睪丸、卵巢等

這裡有刺激其他內分泌器官的激素喔。

脑下腺前叶释出的六种激素，会促进其他内分泌腺的分泌，这些激素是受到下视丘释出的激素调节。

请记得脑下腺前叶的激素是控制身体大多数内分泌腺的中心。

脑下腺后叶会分泌两种激素，但脑下腺后叶并不产生激素，而是由下视丘的细胞制造，运送到脑下腺后叶释放到血液中。脑下腺后叶是个出口。

腦下腺後葉是激素釋放的出口

下視丘

下視丘有一條延伸到腦下腺後葉的神經元軸突，會釋出兩種激素。

軸突

腦下腺

前葉

後葉

*人類腦下腺的中葉不發達，因此本書省略。

 請記得確認附在本章後面，下視丘分泌的二種激素和腦下腺分泌的六種激素喔。

 好的～

▶ Check !

■ 生長激素若在成長期過度分泌，會造成巨人症；相反地，分泌不足則成侏儒症；成年後過度分泌生長激素，會造成末端肥大症。

■ FSH（促濾泡素）、LH（黃體素激素）都是作用於性腺的激素，合稱為促性腺激素（gonadotropin）。

甲狀腺是位於喉頭的內分泌腺，主要分泌甲狀腺激素。甲狀腺激素受到上游激素——促甲狀腺激素（TSH，分泌自腦下腺前葉）調節。

甲狀腺素包含甲狀腺素（Thyroxin，T_4）和三碘甲狀腺素（Triiodothyronine，T_3）。這些激素的特徵是含有碘。甲狀腺素會促進代謝，如果分泌過多，人體會一直處於興奮的狀態，出現脈搏加速、眼球突出、甲狀腺腫大等症狀。甲狀腺機能亢進最有名的是巴塞多氏病（Basedow's disease）。相反地，甲狀腺素分泌量過少，會代謝降低、沒精神，體溫降低、出汗減少。

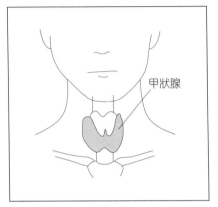

圖 10-1 甲狀腺的位置

甲狀腺機能異常

	眼球突出	心悸	呼吸急促	盜汗
甲狀腺機能亢進的症狀				
甲狀腺機能低下的症狀				
	沒精神	體溫低	水腫	怕冷

　　甲狀腺上有四個稱為副甲狀腺*的小分泌腺，會分泌使血鈣濃度上升的激素，雖然名字叫副甲狀腺，但絕不是甲狀腺的輔助裝置，而是分泌副甲狀腺素（PTH）的獨立內分泌腺。

*副甲狀腺又叫作甲狀旁腺，「副」這個字，是因為它像鈕釦一樣附在甲狀腺上。

副甲狀腺素（PTH）讓血鈣濃度上升

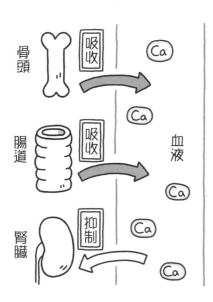

促進血液吸收骨頭和腸道中的鈣，抑制血液透過尿液排出鈣。

血鈣濃度很重要。

沒錯。鈣是肌肉收縮、神經傳遞或血液凝固等不可或缺的礦物質，血鈣濃度太低會無法順利活動肌肉，因此人體有不讓血鈣濃度下降太多的激素。

Check！

- 甲狀腺素含碘，進入體內的碘主要被甲狀腺吸收。
- 若是副甲狀腺的機能亢進，會使骨頭分解過度，變得脆弱。另外，若血鈣濃度過高，尿所排出的鈣量會增加，容易形成尿道結石。

4. 腎上腺

　　位在腎臟上方的是腎上腺，雖然名稱看起來像腎臟的輔助裝置，卻是不同於腎臟的獨立組織。腎上腺有皮質和髓質，分泌不同的激素。

　　首先來看皮質。腎上腺皮質分泌三種激素，均以膽固醇為原料，所以叫作類固醇激素。雖然膽固醇常為人詬病，但仍是人體的必要成分。

　　腎上腺皮質所分泌的激素是葡萄糖皮質醇、礦物皮質醇、雄性素這三類。葡萄糖皮質醇可分解蛋白質或脂肪，轉變為醣類，使血糖值上升，也有抗發炎或抑制免疫的作用，因此被廣泛應用於藥品。「類固醇劑」指的就是葡萄糖皮質醇。

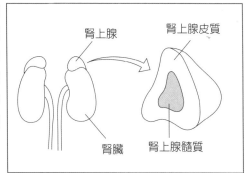

圖 10-2 腎上腺皮質與腎上腺髓質

腎上腺皮質激素的功能

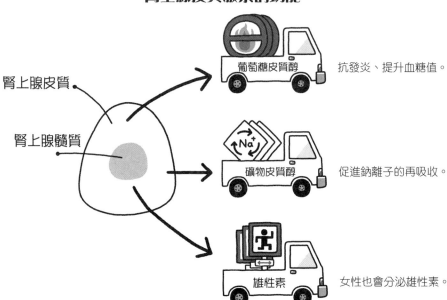

葡萄糖皮質醇　抗發炎、提升血糖值。

礦物皮質醇　促進鈉離子的再吸收。

雄性素　女性也會分泌雄性素。

　　礦物皮質醇的代表是醛固酮（Aldosterone），作用於腎小管促進鈉離子的再吸收，由於水分同時會被再吸收，所以為了維持體液量，尿量會減少（第 4 章 p.89）。另外，腎上腺皮質會分泌雄性素，所以女性也會分泌雄性素。

 腎上腺皮質激素受到腦下腺前葉所分泌的促腎上腺皮質素的調節。

 是的。它的作用是，當腎上腺皮質分泌的葡萄糖皮質醇變多，藉由負回饋機制（p.195）減少促腎上腺皮質素的分泌量。

　　接下來看髓質。腎上腺髓質會分泌腎上腺素（Adrenaline）。當自律神經的交感神經受到刺激，腎上腺髓質會增加腎上腺素的分泌量，也就是說，腎上腺素會在興奮或激烈運動時增加，因此腎上腺髓質是交感神經的好朋友。

腎上腺髓質是交感神經的好朋友

我們是好朋友！

交感神經

腎上腺髓質

▶ Check！

▨ 腎上腺會分泌雌激素，不過分泌量很少。

5. 胰臟

胰臟不僅是分泌胰液（消化液）的消化器官，也具有分泌激素的內分泌機能。分布於胰臟內的胰島（Langerhan's cells）是內分泌腺。胰島有 A 細胞和 B 細胞兩種，A 細胞分泌昇糖素（Glucagon），B 細胞則分泌胰島素（Insulin）。

胰臟最有名的激素就是胰島素，作用是在血糖值上升時分泌增加，以降低血糖值。

能讓血糖值上升的激素，除了來自胰臟的昇糖素，還有腎上腺素、生長激素、葡萄糖皮質醇、甲狀腺素等。因為胰島素的作用，使血糖值能保持穩定。

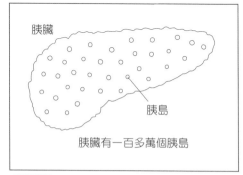

胰臟

胰島

胰臟有一百多萬個胰島

圖 10-3　胰臟的胰島

**透過胰島素，細胞一一產生反應，
接收葡萄糖，使血液中的葡萄糖減少。**

我記得能讓血糖值下降的激素只有胰島素吧？

 只有胰島素能讓血糖值下降，卻有許多激素能讓血糖值上升呢。

讓血糖值下降的激素是胰島素

飲食

胰島素

甲狀腺素

腎上腺素

生長激素

葡萄糖皮質醇

昇糖素

胰島素分泌量或作用不足，沒有能替代的激素，血糖值無法下降，因此會引起高血糖現象，即糖尿病，若病因是胰島素不足，就需要注射補充。

另外，胰島會在血糖值下降時，分泌昇糖素。昇糖素能分解儲存於肝臟的肝醣，變成葡萄糖釋放到血中。

胰島會讓肝臟分解肝醣釋放葡萄糖

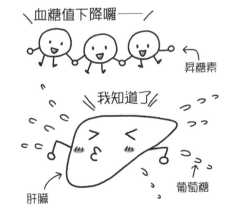

血糖值下降囉──

昇糖素

我知道了

肝臟

葡萄糖

▶ Check！

■ 糖尿病分為和遺傳因素有關的第一型，以及生活習慣所造成的第二型。日本、台灣的糖尿病患者大多是第二型。

6. 性激素

最後要說談是性激素，有雄性激素和雌激素兩種。雄性激素有許多種，合稱為雄性素（Androgen），由睪丸分泌，腎上腺皮質也有分泌。

　　雌性激素有動情素（Estrogen）和黃體素（Progesterone），皆是卵巢分泌的，受到腦下腺分泌的促性腺激素調節。

　　雄性激素會讓男性生殖器發達，促進蛋白質合成，形成肌肉結實的身體，促進男性的第二性徵*，變聲、體毛變濃、長出鬍鬚等都是雄性激素的作用。

*第二性徵：指青春期前後，出現於身體各部位，生殖器以外的性別特徵；相對於此的第一性
　徵，則是出生時即可辨別的男女生殖器官。

女性會透過血液運送雌性激素到身體各部位，形成和男性不同的第二性徵。

沒錯，即乳房發達、身體線條變渾圓、初潮（第一次月經來潮）等特徵。

雄性激素讓男孩變男人

雌性激素讓女生每個月都有生理期啊。

 在醫學上不是說生理期，而是用月經週期。月經的確是雌性激素引起的，可是雌性激素真正的工作其實是懷孕或生產，也就是生殖。

　　月經是沒有受孕而發生的現象，因此雌性激素並不是造成月經的激素。只是，有月經正表示雌性激素在為懷孕做準備（在月經週期正常的情況）。

　　接下來再多談談雌性激素的動情素和黃體素吧。

　　濾泡分泌的動情素，會讓濾泡中的卵子成熟，可以排卵，同時子宮內膜增厚，好在排卵後供受精卵使用。也就是說，動情素是為了讓懷孕成功的激素。

　　排卵時，排出卵子的濾泡會變黃，成為黃體，會分泌黃體素維持子宮內膜增厚，使受精卵易於著床，懷孕順利。如果沒有懷孕，毫無用途的子宮內膜就會剝落，形成月經。

動情素和黃體素的功能

動情素會慎重培育卵子，直到能排卵。

黃體素會用心製作舒適的床舖，守護著床的受精卵。

▶ Check！

- 雄性素可由腎上腺皮質分泌。
- 黃體素會讓基礎體溫上升，所以在月經週期後半段，若基礎體溫上升，表示可能排卵。

我們已經介紹過內分泌器官所分泌的激素名稱和作用，但很難記住。因此，這裡彙整最基本的內分泌器官與激素，多看幾次即能掌握整體印象。

主要的內分泌器官與激素

腦下腺前葉

激素名稱	主要作用
生長激素（GH）	促進骨骼成長
促甲狀腺素（TSH）	促進甲狀腺素分泌
促腎上腺皮質素（ACTH）	促進腎上腺皮質激素分泌
促濾泡素（FSH）	促進濾泡發育
黃體素激素（LH）	促使黃體生成
泌乳激素	促進乳汁分泌

腦下腺後葉

激素名稱	主要作用
血管收縮素（抗利尿激素）	促進腎臟腎小管的水分再吸收
催產素（oxytocin）	使子宮收縮分泌乳汁

腎上腺皮質

激素名稱	主要作用
葡萄糖皮質醇	抗發炎 使血糖值上升
礦物皮質醇	促進腎臟的鈉再吸收

腎上腺髓質

激素名稱	主要作用
腎上腺素	使血壓上升 刺激心臟

甲狀腺

激素名稱	主要作用
三碘甲狀腺素（Triiodothyronine，T_3）	促進代謝
甲狀腺素（Thyroxin，T_4）	

副甲狀腺

激素名稱	主要作用
副甲狀腺素（PTH）	提升血液的鈣濃度

胰臟

激素名稱	主要作用
胰島素	降低血糖值
昇糖素	提高血糖值

卵巢

激素名稱	主要作用
動情素	促使懷孕成功
黃體素	維持正常懷孕

睪丸

激素名稱	主要作用
雄性素	促進男性第二性徵發展

終幕　今夏的回憶

212

唐田，妳很努力，不錯喔。

我們家這幾個都成了妳的粉絲！

我們家？

點頭

把妳——

妳要不要轉到運動健康學系呢？

我認爲妳很有潛能成爲運動選手或助教！

我想讓妳更了解生理學有趣的一面！

……

哈哈

我考慮看看。

不過，

以後麻煩請您繼續教我生理學！

214　　　　　　　　　　　<完>

索引

後記──關於本書的製作

　　生理學是一門什麼樣的學問呢？答案可以藉由漫畫主角的對話一窺而知。本書的製作有個很大的目標：證明生理學並非一門全靠默背的學問。

　　解生引導唐田領會「生理學雖然有某些部分非記不可，但在腦中想像運作過程，會變得很有趣」。身體各個器官內部當然都有各自的運作流程，但也因為各器官相互合作，才能維持人體的運作。整體來看，運行全身的血液、氧氣、神經、激素、淋巴也不是單獨在各個器官中作用，而是依循著相互輔助的原則。閱讀本書應該能了解這個道理。

　　我們一開始就知道，要以漫畫來詮釋廣博的生理學是非常辛苦的，因此在我們繪製漫畫，努力追求「讓生理學變有趣」、「減少討厭生理學的人」的目標時，特意用能幫助理解的漫畫或插圖來加強讀者對「運作過程」的印象，省略了難懂的解剖圖，所以光讀這本書並沒辦法在生理學考試中得到滿分。但是本書若能讓讀者對生理學感興趣，成為讀者更上一層樓的墊腳石，對我們來說是莫大的喜悅。

　　最後，藉此機會向細心監修的東京農業大學田中越郎老師、協助執筆的醫療作家鈴木泰子小姐、歐姆社的各位，致上最高的謝意。

Becom

■監修者簡介
田中越郎

熊本大學醫學系畢業後，擔任三井紀念醫院內科實習醫師，留學瑞典皇家卡洛琳斯卡醫學院（Karolinska Institutet），曾任東海大學醫學系生理學講座助理教授等，現為東京農業大學應用生物學系教授。專業為生理學・營養學。日本國內的護士學生中每十人就有一人研讀監修者執筆的教科書。為醫學博士。

主要日文著作：
《圖解學習生理學》（醫學書院）
《圖解學習藥理學》（醫學書院）
《圖解學習 人體構造與功能》（醫學書院）
《系統看護學講座〔2〕 病態生理學》（醫學書院）
《喜歡生理學》（講談社）
《了解生化學》（技術評論社）等。

■製作
Becom 株式會社

1998 年創業。主要接受編輯・設計業務，製作多本醫療、教育、通訊系統之實用書或雜誌。2001 年設立漫畫設計銀行，開始使用漫畫進行 PR 支援業務。之後，亦以漫畫製作企業介紹、指南、出版企劃等。
〒 101-0051 東京都千代田區神田神保町 2-40-7 友倫大廈 5F
Tel：03-3262-1161　Fax：03-3262-1162
URL：http://www.becom.jp

■作畫／小山圭子（小熊工房　URL：http://www.koguma.info）
■本文插畫／BaJii（插畫家）
■執筆協力／鈴木泰子（醫學作家）
■劇本／拓植　智彥・島田　英二（Becom）
■封面設計／荻原惠至（Becom）
■DTP・編輯／Becom株式會社

國家圖書館出版品預行編目資料

世界第一簡單基礎生理學 / 田中越郎作；
　卡大譯. -- 初版. -- 新北市：世茂，2014.06
　面；　公分. --（科學視界；171）

　ISBN 978-986-5779-34-4（平裝）

1.人體生理學

397　　　　　　　　　　　　103006278

科學視界 171

世界第一簡單基礎生理學

作　　　者／田中越郎
審　　　訂／余佳慧
譯　　　者／卡大
主　　　編／陳文君
責任編輯／石文穎
出 版 者／世茂出版有限公司
負 責 人／簡泰雄
地　　　址／（231）新北市新店區民生路 19 號 5 樓
電　　　話／（02）2218-3277
傳　　　真／（02）2218-3239（訂書專線）・（02）2218-7539
劃撥帳號／19911841
戶　　　名／世茂出版有限公司　　單次郵購總金額未滿 500 元（含），請加 60 元掛號費
世茂官網／www.coolbooks.com.tw
排版製版／辰皓國際出版製作有限公司
印　　　刷／世和彩色印刷股份有限公司
初版一刷／2014 年 6 月
　　三刷／2021 年 3 月

Ｉ Ｓ Ｂ Ｎ／978-986-5779-34-4
定　　　價／300 元

Original Japanese edition
Manga de Wakaru Kisoseirigaku
Supervised by Etsuro Tanaka
Illustration by Keiko Koyama
Produced by Becom Co.,Ltd.
Copyright © 2011 by Etsuro Tanaka, Keiko Koyama and Becom Co.,Ltd.
Published by Ohmsha, Ltd.
This Traditional Chinese Language edition co-published by Ohmsha, Ltd. and ShyMau Publishing
Company
Copyright © 2014
All rights reserved